大学物理及实验

第2版

主编　黄志东　杨改蓉　何　旭

西南交通大学出版社
·成　都·

图书在版编目（CIP）数据

大学物理及实验／黄志东，杨改蓉，何旭主编．—2版．—成都：西南交通大学出版社，2014.2（2023.7重印）

ISBN 978-7-5643-2868-9

Ⅰ．①大… Ⅱ．①黄… ②杨… ③何… Ⅲ．①物理学－实验－高等学校－教材 Ⅳ．①04

中国版本图书馆 CIP 数据核字（2014）第 022651 号

大学物理及实验

（第2版）

主编　黄志东　杨改蓉　何　旭

责任编辑　孟苏成

封面设计　墨创文化

出版发行　西南交通大学出版社

（四川省成都市金牛区二环路北一段 111 号

西南交通大学创新大厦 21 楼）

发行部电话　028-87600564　028-87600533

邮政编码　610031

网　址　http: //www.xnjdcbs.com

印　刷　成都中永印务有限责任公司

成品尺寸　185 mm × 260 mm

印　张　9.5

字　数　234 千字

版　次　2014 年 2 月第 2 版

印　次　2023 年 7 月第 10 次

书　号　ISBN 978-7-5643-2868-9

定　价　26.00 元

再版前言

“大学物理实验”是我校（成都纺织高等专科学校）为工科专业的学生开设的一门必修的基础课程。通过这门课程的学习使学生在物理的实验方法和实验技能等方面得到一定的训练，培养学生分析问题和解决问题的能力，为后续课程的学习奠定一定的理论和实验基础。

《大学物理及实验》一书，是根据我校具体的教学要求，结合我校现有的实验仪器设备，在《大学物理及实验》讲义反复修改的基础上编写而成的。本书共安排了包括基础、综合、近代及研究性实验等25个实验项目。在这些实验项目中，涉及力、热、电、光及近代物理等内容。

本书共分为4个部分：第一部分为“实验误差及数据处理”，主要介绍物理实验中所涉及的基本理论知识和基本概念及实验数据的处理方法；第二部分为“实验项目”，包括20个实验；第三部分为“设计性实验”，包括5个实验；第四部分为“附录”，其中列出了各类物理量的单位及常用物理量的数据等，以便查阅。在第1版的基础上，本书增加了1个基本实验项目及2个设计性实验。根据实验设备的变化，所对应的实验内容也进行了相应调整。

本书由黄志东、杨改蓉和何旭编写。其中实验四、实验五、实验七~实验十、实验十二~实验十五、实验十七~实验十九由杨改蓉老师编写；绪论、实验误差及数据处理、实验二、实验三、实验六、实验十一、实验十六、实验二十、设计实验一~设计实验三由黄志东老师编写，实验一、设计实验四、设计实验五由何旭老师编写，黄志东老师负责全书的统稿和修订工作。艾琳老师对本书的编写给予了大力支持，在此深表感谢。

由于编者水平所限，书中难免有疏漏之处，恳请读者批评指正。

编　者

2014年1月

目 录

绪 论

一、大学物理及实验课程的重要性

物理学是自然科学庞大体系中的一门基础学科。从 17 世纪至今，物理学一直是迅速发展、门类浩繁的自然科学体系中的带头学科。

物理学是研究物质的基本结构、相互作用和运动形态的基本规律的学科。物理学的研究目的在于认识物质运动的普遍规律和揭示物质各层次的内部结构。它所涉及的范围极其广泛，既研究人们身边发生的物理现象，也研究宇宙中天体的运动及构造，还研究微观领域中物质的运动规律。

物理学所建立的基本规律和研究方法，深刻地影响着自然科学的其他学科与工程技术，甚至影响社会科学的发展。许多新学科的建立、工程技术上许多重要的发明和创造，都来源于物理学。可以认为，人类历史上的三次技术革命，都是物理学研究成果的推广和应用。17～18 世纪，由于牛顿力学的建立和热力学的发展而研究成功的蒸汽机和其他机械，以及它们的广泛应用，引起了第一次技术革命；到了 19 世纪，由于电磁理论的建立而研制成功的电力机械和电信设备，使人类进入广泛应用电能和无线电通信的时代，引起了第二次技术革命；20 世纪以来，由于相对论、量子论的建立，对原子、原子核以及其他微观粒子运动的研究日益深入，促进了半导体、合成材料、核能应用、激光技术、空间技术和计算机技术等一系列新技术、新材料、新能源以及相应的新兴学科的蓬勃兴起和发展，引起了现代的第三次技术革命。总之，科学技术的发展，与物理学这门基础与带头学科的研究和应用是分不开的。

物理学是一门实验学科，无论是物理概念的产生还是物理规律的发现都是建立在严格的科学实验基础上的，同时，建立起来的理论正确与否也必须通过实验来验证。因此，在物理学的发展中，理论和实验具有同等的重要性。

随着我国经济的不断发展，发展职业教育成为我国高等教育的一件大事，而高职高专院校学生的素质与能力的高低与我国经济的发展有着更直接、更密切的关系。“大学物理实验”课程为高职高专院校学生的素质与能力的提高搭建起了一个很好的平台，并为其后续课程的学习奠定了良好的理论和实验基础。

二、大学物理及实验课程的任务和目标

1. 学习和掌握物理实验的基本知识，了解相关的物理理论

在实验中通过对物理实验现象的观察、分析和对物理量的测量，学习和掌握物理实验的

基本知识、基本方法，从而对相关的物理理论有所了解，培养和建立分析问题和解决问题的物理思维方式。

2. 初步培养和提高学生的科学实验能力

学生的科学实验能力的培养和提高要从自学能力、动手能力、观察能力、分析能力、表达能力及设计能力等几个方面进行。这几个方面主要包括：

（1）能够自行阅读实验教材与资料，作好实验前的准备。

（2）在老师的指导下，能正确地使用仪器进行各种基本操作，测出较准确的实验数据。

（3）捕捉实验过程所呈现的各种现象以及实验现象的各种特征，通过对现象的观察和比较，获得全面的、本质的实验信息。

（4）能够运用物理学理论和实验原理对实验现象和实验结果进行初步分析、判断和解释；对各种因素可能引起的误差进行初步估计，对结果进行初步评价。

（5）能够正确记录和处理实验数据，设计表格，绘制图线，描述实验现象，说明实验结果，撰写合格的实验报告。

（6）能够完成简单的具有设计性内容的实验。

3. 培养与提高学生的科学实验素质

在实验过程中，培养学生实事求是、理论联系实际的科学作风；严肃认真、一丝不苟、不怕困难的科学态度；不断探索、大胆质疑、勇于创新的科学精神；以及遵守纪律、团结协作、节约资源、爱护公物的优良品德。

三、如何学好大学物理及实验这门课程

要想学好这门课程，学生需要做好以下几个环节：

1. 实验前的预习

实验前的预习是做好实验的关键。预习时主要阅读实验教材，必要时还需参阅其他资料，以便基本掌握实验的整体概况。预习过程中要明确实验的目的，要了解实验原理、实验内容、实验中使用的仪器和装置以及仪器和装置的使用方法和注意事项。总之，通过课前预习的思考，在脑海中形成一个初步的实验方案，并在此基础上写出预习实验报告。预习报告的内容包括实验名称、实验目的、实验原理、实验仪器、实验内容以及数据记录的表格等。表格的设计要清晰、明确、简洁、规范。

2. 实验过程

实验过程是实验课的中心环节。学生做实验时，一定要遵守实验课的纪律，按实验课规定的程序和要求进行实验。在动手做实验之前，首先要熟悉一下所用仪器设备的性能、正确的操作方法以及仪器正常工作的条件，不可盲目操作，以免损坏仪器。测量时，原始数据要整齐地记录在已经准备好的数据表格中，注意数据的有效数字和单位。一份完整的实验原始

记录，除数据之外，还应包括实验日期、环境条件（温度、湿度、气压等）。测量结束后，将记录的原始数据经老师审阅认可后，才可以整理仪器结束实验。

3. 实验报告的撰写

实验报告是对所做实验的系统总结，撰写实验报告是培养学生分析、解决问题的能力，提高文化素养和综合素质的一个重要方面。学生撰写的实验报告需要用简明的形式将实验结果完整、准确地表达出来，要求层次分明、字迹清楚、文理通顺、简明扼要、图表规范、结论明确。实验报告应写在学校统一印刷的“实验报告”上。

实验报告通常包括以下内容：

（1）实验名称。

（2）实验目的。

（3）实验原理。在对实验原理充分理解的基础上，用实验者自己的语言简要阐明实验的理论依据，写出待测量计算公式的简要推导过程，画出相关的原理图（电路图、光路图等）。

（4）实验仪器。列出主要仪器的名称、型号、量程、精度、最小分度值等。

（5）实验内容。

（6）数据处理。测量出的实验数据的计算、作图、误差及结果表达等都需要在数据处理过程中完成。在数据处理和误差运算中，要有计算过程。实验结果要按照误差理论的要求来表达。

（7）实验现象、实验误差的分析、讨论及对实验的体会、建议等。

对于上述几个实验环节，学生只要给予了足够的重视，并能踏踏实实地做好它，就一定能够达到学好该课程的目的。

第一章　实验误差及数据处理

做物理实验有两个方面的目的，一是定性地观察物理现象和物理现象的变化过程，二是定量地测定物理量和确定物理量之间的关系。对后者而言，在实验过程中人们将通过不同的测量手段记录下许许多多的实验数据，在此过程中如何获得较准确的实验数据，如何对这些数据进行处理，加以归纳，并对这些数据给以合理的解释，这将涉及误差理论和数据处理方面的知识。在本章中主要介绍测量过程中涉及的一些基本概念以及处理实验数据的基本方法。

第一节　误差概述

一、测　量

1. 测量的定义

测量就是将待测量与同类标准量（量具）进行比较，得出结论，这个比较的过程就称之为测量，比较的结果记录下来就是测量数据。测量数据应包括测量值的大小和单位，两者缺一不可。

2. 测量的分类

测量如果按不同的测量方法进行分类，可分为直接测量和间接测量；如果按不同的条件进行分类，可分为等精度测量和非等精度测量。

1）直接测量和间接测量

直接测量：是指将被测量与标准量直接进行比较，从而直接获得被测量的量值。例如，用千分尺测量物体的长度，用天平称衡物体的质量，用温度计测量温度等都是直接测量。

间接测量：是依据相应的理论函数关系式即公式，将直接测量的值代入公式计算出所要求的物理量。例如，测一个直径为 D，高为 h 的圆柱体体积时，须将直接测量出的 D 和 h 的值代入公式 $V=\frac{1}{4}\pi D^2 h$ 中，就可得到圆柱体体积的间接测量值。

在物理实验中大多数的测量都是间接测量，但直接测量是间接测量的基础。

2）等精度测量和非等精度测量

等精度测量：是指在对某一物理量进行多次重复测量的过程中，每次的测量条件都相同。测量条件包括人员、仪器、方法等。物理实验中通常都采用等精度测量。

非等精度测量：是指在对某一物理量进行多次测量时，测量条件完全或部分不同而得到的测量结果。例如，在对某一物理量进行多次测量时，选用的仪器不同、测量方法不同或测量人员不同等都属于非等精度测量。

二、误　差

1. 误差的定义

误差存在于一切测量之中，贯穿于整个物理实验的始终。由于测量仪器、实验条件、环境等因素的局限，测量结果和客观的物理量之间，总是存在着一定的差异，即是存在着测量的误差，简称“误差”。

在实验中用仪器测量出某物理量的值称作测量值，用 x 表示。该物理量的客观存在的值称为真值，用 x_0 表示。测量值与真值之差

$$\Delta x = x - x_0$$

就称为测量误差。

2. 误差的种类

根据误差产生的性质、来源，误差可分为系统误差和偶然误差两大类。

1）系统误差

系统误差的特点是具有恒定性，即测量结果总是向某一方向偏离，且误差的大小总是一定的，或按一定的规律变化。系统误差主要由仪器误差、理论误差以及个人误差等几个因素产生。

仪器误差：由于仪器本身的不完善或没按规定条件使用仪器而造成的。如仪器刻度不准、天平不等臂、螺旋测微计零点不准等。

理论误差：指实验本身所依据的理论，公式的近似性，或对实验条件及测量方法考虑不同带来的误差。如力学中用单摆测量重力加速度的实验，振幅对周期的影响，热学实验中热量的散失等带来的被忽略而造成的误差。

个人误差：由于测量者生理上的最小分辨力、感觉器官的生理变化、反应速度和固有习惯引起的误差。如用停表计时时，有人常使之过长，有人常使之过短；对刻度线读数时，始终偏左或偏右等。

系统误差不能通过多次测量来消除。但是如果我们找出产生系统误差的原因，我们就能采取一定的方法来消除它的影响或对结果加以修正。

2）偶然误差

偶然误差就是在测量时，即使消除了各种产生系统误差的因素，在同一条件下对同一物

理量进行多次测量时，每次测量结果还会出现无规律的随机变化，其值时大时小，时正时负，不可预测，但就总体来说又服从一定的统计规律的误差。偶然误差的特点是具有随机性。例如，用米尺测某物体长度，毫米以内的数值是由人们估读的，即使是消除了系统误差，同一个人，在每次测量中估读的读数也不尽相同。由于偶然误差是必然发生的，只能设法减小，而不可能消除。

三、直接测量的误差估计

在下面的讨论中，我们假设系统误差已经消除或修正了，误差仅针对偶然误差而言。

1. 多次测量的误差估计

为了减小偶然误差，在可能情况下，一般都要进行多次测量。设在相同条件下，对同一物理量 x 进行多次重复测量，测得值分别为 x_1、x_2、x_3、…、x_n，n 为测量次数，则其算术平均值为

$$\overline{x}=\frac{1}{n}\sum_{i=1}^{n}x_i \tag{1.1.1}$$

显然，n 越大，$\overline{x}$ 越接近真值。故用 $\overline{x}$ 表示该物理量的测量结果。

测量结果的误差，在大学物理实验中通常用算术平均偏差表示。所谓偏差，是指各测量量与算术平均值 $\overline{x}$ 的差的绝对值，即

$$\Delta x_i=\left|x_i-\overline{x}\right| \tag{1.1.2}$$

则算术平均偏差为

$$\overline{\Delta x}=\frac{1}{n}\sum_{i=1}^{n}\Delta x_i=\frac{\sum_{i=1}^{n}\left|x_i-\overline{x}\right|}{n} \tag{1.1.3}$$

一般情况下就将 $\overline{\Delta x}$ 称为绝对误差。

这样，我们把最后测量结果表示为下面的形式

$$x=\overline{x}\pm\overline{\Delta x} \tag{1.1.4}$$

公式（1.1.4）为测量结果的标准表达式。它表示对物理量 x 进行 n 次测量后，真值为 x 的值是在 $\overline{x}+\overline{\Delta x}$ 与 $\overline{x}-\overline{\Delta x}$ 之间，而不是表示 $x=\overline{x}+\overline{\Delta x}$ 和 $x=\overline{x}-\overline{\Delta x}$，它给出的是真值的一个取值范围。

例 1　测一钢管长度十次，测量值列表如下，试写出测量结果的标准表达式。

次数	测得值（cm）	偏差值（cm）
1	4.587	0.000 2
2	4.589	0.002 2
3	4.585	0.001 8
4	4.579	0.001 8
5	4.591	0.004 2
6	4.593	0.006 2
7	4.587	0.000 2
8	4.587	0.000 2
9	4.588	0.001 2
10	4.582	0.004 8
平均	4.586 8	0.002 82（绝对误差）

解 根据上述表格中的测量数据得到测量结果的标准表达式为

$$x = 4.587 \pm 0.003\ (\text{cm})$$

上式不能理解为 x 只能取 $x = 4.587 + 0.003 = 4.590$ cm 和 $x = 4.587 - 0.003 = 4.584$ cm 两个值，而是表示钢管长度的真实值在 4.584 ~ 4.590 cm 范围内。

绝对误差 $\overline{\Delta x}$，一般保留一位有效数字。

2. 单次测量的误差估计

在物理实验过程中，常常由于条件不允许，或者对测量的精度要求不高等原因，对物理量仅作一次测量。一般情况下，是取所用仪器的最小精度值的一半作为单次测量的绝对误差。同样，测量结果也要表示成标准的表达式。

3. 相对误差

为了说明测量结果的准确程度，不但要看其绝对误差的大小，而且还需要看测得量本身的大小。例如，用米尺测得一根木棒长 $l_1 = (87.56 \pm 0.05)$ cm 。一个立方体的边长 $l_2 = (1.08 \pm 0.05)$ cm，虽然它们的绝对误差都是 0.05 cm，但其准确程度是不同的，显然后者低于前者，为此需要引入相对误差的概念。

相对误差 δ 定义为

$$\delta = \frac{\overline{\Delta x}}{\bar{x}} \tag{1.1.5}$$

相对误差，也叫百分误差，常用百分比表示。如上例中木棒的相对误差用 δ_1 表示，立方体边长的相对误差用 δ_2 表示，根据相对误差的定义，通过计算得到 $\delta_1 = \frac{0.05}{87.56} = 0.057\%$，

$\delta_2 = \dfrac{0.05}{1.05} = 4.8\%$ 两者测量的准确程度就显而易见了。

相对误差 δ，一般保留两位有效数字。

四、间接测量的误差估计

间接测得量是由直接测得量代入公式计算出来的，既然公式中所包含的直接测得量都有误差，因而间接测得量必然是有误差的。这样的误差和直接测得量的误差是有关系的，可以通过计算求出。

1. 和的绝对误差等于各分量的绝对误差之和

设 $x_1 = \overline{x}_1 \pm \overline{\Delta x_1}$，$x_2 = \overline{x}_2 \pm \overline{\Delta x_2}$。其中 x_1，x_2 为直接测得量，$\overline{\Delta x_1}$，$\overline{\Delta x_2}$ 为绝对误差，求 $y = x_1 + x_2$。

其中 y 为间接测得量，$\overline{\Delta y}$ 为绝对误差，则

$$\overline{y} = \overline{x}_1 + \overline{x}_2$$

$$\overline{\Delta y} = \overline{\Delta x_1} + \overline{\Delta x_2}$$

$$y = \overline{y} \pm \overline{\Delta y}$$

相对误差

$$\delta_y = \frac{\overline{\Delta y}}{y} = \frac{\overline{\Delta x_1} + \overline{\Delta x_2}}{\overline{x}_1 + \overline{x}_2}$$

2. 差的绝对误差等于各分量绝对误差之和

$$y = x_1 - x_2$$

则

$$\overline{y} = \overline{x}_1 - \overline{x}_2$$

$$\overline{\Delta y} = \overline{\Delta x_1} + \overline{\Delta x_2}$$

$$y = \overline{y} \pm \overline{\Delta y}$$

相对误差

$$\delta_y = \frac{\overline{\Delta y}}{\overline{y}} = \frac{\overline{\Delta x_1} + \overline{\Delta x_2}}{\overline{x}_1 - \overline{x}_2}$$

3. 积的相对误差等于各分量的相对误差之和

求　$y = x_1 x_2$。

因　$\delta_{x_1}=\dfrac{\overline{\Delta x_1}}{\overline{x}_1}$，$\delta_{x_2}=\dfrac{\overline{\Delta x_2}}{\overline{x}_2}$

则　$\delta_y=\delta_{x_1}+\delta_{x_2}=\dfrac{\overline{\Delta x_1}}{x_1}+\dfrac{\overline{\Delta x_2}}{x_2}$

而　$\overline{y}=\overline{x}_1\,\overline{x}_2$

绝对误差

$$\Delta\overline{y}=\overline{y}\cdot\delta_y\ ,\ y=\overline{y}\pm\overline{\Delta y}$$

4. 商的相对误差等于各分量的相对误差之和

求　$y=\dfrac{x_1}{x_2}$。

因　$\delta_{x_1}=\dfrac{\overline{\Delta x_1}}{\overline{x}_1}$，$\delta_{x_2}=\dfrac{\overline{\Delta x_2}}{\overline{x}_2}$

则　$\delta_y=\delta_{x_1}+\delta_{x_2}=\dfrac{\overline{\Delta x_1}}{\overline{x}_1}+\dfrac{\overline{\Delta x_2}}{\overline{x}_2}$

而　$\overline{y}=\dfrac{\overline{x}_1}{\overline{x}_2}$

绝对误差

$$\overline{\Delta y}=\overline{y}\cdot\delta_y$$

$$y=\overline{y}\pm\overline{\Delta y}$$

5. *x* 的 *n* 次方的相对误差等于 *x* 的相对误差的 *n* 倍

设　$x=\overline{x}\pm\overline{\Delta x}$，求 $y=x^n$。

则　$\delta_y=n\delta_x=n\dfrac{\overline{\Delta x}}{\overline{x}}$

6. *x* 的 *n* 次方根的相对误差等于 *x* 的相对误差的 1/*n*

求　$y=x^{1/n}$。

则　$\delta_y=\dfrac{1}{n}\delta_x=\dfrac{1}{n}\bullet\dfrac{\overline{\Delta x}}{\overline{x}}$

例 2　用单摆测重力加速度的实验中，测得摆线的长度 $\overline{l}\pm\overline{\Delta l}$ 为 95.88±0.04（cm），摆球直径 $\overline{D}\pm\overline{\Delta D}$ 为 3.772±0.02（cm），求摆长 $L=\overline{L}\pm\overline{\Delta L}$。

解 摆线 $\overline{L}=\overline{l}+\overline{D}/2$

$$=95.88+1.886$$
$$=95.88+1.89$$
$$=97.77\ (\text{cm})$$

$$\overline{\Delta L}=\overline{\Delta l}+\overline{\Delta D}/2$$
$$=0.04+0.01$$
$$=0.05\ (\text{cm})$$

故摆长 $L=\overline{L}\pm\overline{\Delta L}=97.77\pm0.05\ (\text{cm})$

例 3 有一矩形，测得其长为 $\overline{l}\pm\overline{\Delta l}=5.45\pm0.05$（cm），宽为 $\overline{d}\pm\overline{\Delta d}=2.30\pm0.02$（cm），求该矩形的面积 $s=\overline{s}\pm\overline{\Delta s}$。

解

$$\overline{s}=\overline{ld}$$
$$=5.45\times2.30$$
$$=12.535\ (\text{cm})$$

$$\delta_s=\frac{\overline{\Delta l}}{\overline{l}}+\frac{\overline{\Delta d}}{\overline{d}}$$
$$=\frac{0.05}{5.45}+\frac{0.02}{2.30}$$
$$=0.0092+0.0087$$
$$=0.0179$$
$$=0.018$$

$$\overline{\Delta s}=\overline{s}\cdot\delta_s$$
$$=12.535\times0.018$$
$$=0.227$$
$$\approx0.2\ (\text{cm}^2)$$

故 $s=\overline{s}\pm\overline{\Delta s}=12.5\pm0.2\ (\text{cm}^2)$

第二节 有效数字及运算法则

一、有效数字的一般概念

在进行物理量测量时，总是存在着测量误差的，因此，结果的表达式或运算就不可能是任意的，而必须遵循一定的法则，这个法则就称为有效数字及其运算法则。

1. 有效数字

什么是有效数字呢？有人认为在测量一个物理量时，结果中保留的位数越多，其准确程度就越高。实际上在测量结果中无论写多少位都不可能将准确度超过测量所允许的范围。例如用以毫米为刻度的米尺测量物长时，假使物体的一端与米尺的零点对齐，另一端不是恰好与某一刻线对齐，而是在两刻线之间。这时，毫米整数刻度可以准确读出。两刻线之间的读数只能凭眼睛估读（例如大约在毫米内十分之几的位置）。由刻度尺直接读得的显然是可靠的，就是说它是有效的；而估读的准确度是可疑的，但读出来总比不读它要精确，所以我们规定：把测量结果中可靠的几位数字加上可疑的一位数字统称为测量结果的有效数字。有效数字的位数标志着仪器的准确程度，即反映绝对误差的大小。使用准确度不同的仪器测量时，可以得到不同位数的有效数字。例如用毫米为刻度的米尺测物长时得到 $L = 1.85$ cm，其中 1 和 8 两位数字是准确的，5 是可疑的，即得到三位有效数字；当用准确度为 0.05 mm 的卡尺量同一物长时得到 $L = 1.855$ cm，即得到四位有效数字。

在测量工作中规定，所有的测量数据都只写有效数字，而不能随意多写或少写，对一组等精度测量数据，其有数字的位数一般不能由测量仪器的准确度确定，而是由测量结果的绝对误差的大小来确定。误差的有效数字一般取一位，将有效数字的定义和误差取一位数结合起来，就能写出测量结果的数值了。例如 $L = 2.00 \pm 0.01$（cm）的写法是正确的，而 $I = 3.00 \pm 0.3$（μA）的写法是错误的。由绝对误差决定有效数字，这是处理一切有效数字问题的依据。

2. 关于有效数字的几点说明

（1）“0”在数字中间或数字后面都是有效数字，不能随意省略，例如 1.0 和 1.00 在数学上是等效的，在物理实验中则有完全不同的意义，1.0 是两位有效数字，而 1.00 是三位有效数字，两者的误差不同，准确度也不同。

（2）如果用“0”来表示小数点的位置，即小数点前面的“0”和紧接小数点后面的零不算作有效数字。如 0.012 3 dm、0.123 cm、0.001 23 m 等的有效数字都是三位。由此可见，在十进制单位中，进行单位换算时，有效数字的位数不变。

（3）当结果中数字很大或很小，且有效数字位数较少时，常用 10 的指数形式来表示。例如太阳的质量 $M = 1.989 \times 10^{30}$ kg，有效数字是指系数部分，即四位有效数字。

（4）计算的常数如 π、e、$\sqrt{2}$ 等，其有效数字的位数可以认为是无限的，可以根据需要取舍。

（5）有效数字与仪器的关系。有效数字位数的多少取决于待测量本身的大小和仪器的精度。比如用米尺测量某一物体的长度 $L = 2.52$ cm，有效数字为三位；用比米尺准确度高的二十分度游标卡尺测量，则 $L = 2.515$ cm，有效数字是四位；而用准确度更高的螺旋测微计测得 $L = 2.515\ 3$ cm，有效数字为五位。

二、有效数字的运算法则

在物理实验中，涉及大量的间接测量，求间接测量需要将直接测得量进行各种运算。为了不致因运算引入误差，并尽量简化运算过程，下面通过例题来学习有效数字的运算法则。

1. 加减法(以加法为例)

设 $y = x_1 \pm x_2 \pm x_3 \pm x_4$，当 $x_1 = 1321.0 \pm 0.2$（cm），$x_2 = 235.44 \pm 0.01$（cm），$x_3 = 3.139 \pm 0.002$（cm），$x_4 = 0.1283 \pm 0.0001$（cm），y 等于多少？

计算步骤如下：

（1）找出各分量中具有最大绝对误差的量，如例中的 x_1。

（2）以该量的最后一位作标准，将其余各量按四舍五入法简化至比 x_1 量中最后一位还要多一位为止。

（3）运算。为清楚起见列成竖式，并在可疑数位下划一横线。

$$\begin{array}{r} 1321.\underline{0} \\ 235.4\underline{4} \\ 3.1\underline{4} \\ +\quad 0.1\underline{3} \\ \hline 1559.\underline{71} \end{array}$$

（4）结果的有效数字位数由它的绝对误差来定。

绝对误差 $\Delta x = (0.2+0.01+0.002+0.000\,1) \approx 0.2$ cm，最后结果可以写成 $y = 1\,559.7 \pm 0.2$（cm）。

2. 乘除法(以乘法为例)

设 $y = x_1 x_2 x_3$，当 $x_1 = 0.0211 \pm 0.000\,1$（cm），$x_2 = 31.52 \pm 0.01$（cm），$x_3 = 1.253\,61 \pm 0.000\,01$（cm）时，求：$y = ?$

计算步骤如下：

（1）找出分量中具有最少有效数字的量，此例中为 $x = 0.021\,1$。

（2）以该量的有效数字位数为标准，将其他各分量中数字位数字简化到比该量的有效位数要多一位，即 $x_2 = 31.52$，$x_3 = 1.254$。

（3）运算：将步骤（2）中的 x_1、x_2、x_3 代入公式计算得到其平均值

$$\overline{y} = 0.211 \times 31.52 \times 1.254 = 0.834\,0 \ (\text{cm})$$

（4）计算绝对误差。最后结果的有效数字由它的绝对误差决定。

$$\text{绝对误差}\quad \overline{\Delta y} = \left(\frac{0.000\,1}{0.0211} + \frac{0.01}{31.52} + \frac{0.000\,01}{1.253\,61}\right) \times 0.834\,0$$

$$= (0.004\,7 + 0.000\,3\,2 + 0.000\,008\,0) \times 0.834\,0$$

$$= 0.004\,2$$

$$\approx 0.004 \ (\text{cm})$$

最后结果可写成　$y = 0.834 \pm 0.004$（cm）。

3. 尾数的舍入法则——尾数凑成偶数

在运算过程中通常需对数据多余的位数进行取舍。为了避免舍入误差，现在通常采用的是：尾数“小于五则舍，大于五则入，等于五则把尾数凑成偶数”的法则。其口诀是“小半舍，大半入，一半取舍成偶数”。

例如：1.535　取三位有效数字为　1.54
　　　12.405　取四位有效数字为　12.40
　　　2.036　取二位有效数字为　2.0
　　　0.076　取一位有效数字为　0.08

第三节　数据处理

数据处理就是人们在实验过程中将获得的大量的数据进行计算、分析和整理并从中得到最终的实验结论以及实验规律的过程。数据处理的方法很多，如列表法、作图法、逐差法和最小二乘法等，本章节主要介绍列表法、作图法和逐差法。

一、列表法

列表法是人们在记录和处理数据时采用的一种基本方法。该方法可使实验结果一目了然，便于对测量结果进行查对，避免数据的丢失。用列表法记录数据必须根据具体的实验内容设计记录表格。记录表格具体设计要求是：

（1）便于记录、运算和检查，便于醒目地看出相关量之间的关系。

（2）表中各个符号所代表的物理量的意义一定要注明，各量的单位一定要写上，有时测量值的数量级需要写在标题栏中，不要重复地记在各个数值上。

（3）表中的数据要正确反映测量结果的有效数字。

二、作图法

作图法是研究物理量的变化规律，找出物理量间的函数关系，求出经验公式的最常用的方法之一。它可以把一系列数据之间的关系或变化情况用图像直观地表示出来。利用作图法得到的曲线，能从图中很简便地求出实验所需的某些数据；在一定条件下，还可以从曲线的延伸部分读出测量数据以外的数据。

作图要遵从以下的规则：

（1）要用坐标纸。根据实验参数选定坐标纸。本教材采用直角坐标纸。

（2）坐标纸的大小及坐标轴的比例应根据测得的数据的有效数字和结果的需要来定。原则上，数据中的可靠数字在图中应为可靠的，数据中不可靠的一位在图中应是估计的。适当选取坐标轴的比例和坐标的起点，使图形整洁匀称地充满图纸。

（3）根据测量的数据，用“×”、“△”或“○”等符号标出测量数据点的位置。一张图上画上几条实验曲线时，每条曲线应用不同的符合标记，以免混淆。

（4）连线：用直尺、曲线板等仪器，根据情况把点连成直线或光滑的曲线。连线并不一定要通过所有的标记符号点，而是让数据标记符号点均匀地分布在曲线的两侧。

（5）标明坐标轴所代表的物理量及其单位，并标明图的名称。

三、逐差法

逐差法也是人们在实验中经常采用的处理实验数据的一种方法。该方法主要用于等间隔线性变化的数据测量中。下面以杨氏模量的测量为例来说明逐差法处理数据的过程。如有一长为 x_0 的金属丝，在其弹性限度内逐次在其下端加挂质量为 m 的砝码，共加 7 次，测出其对应长度分别为 x_1，x_2，…，x_7，从这组数据中，求出每加单位砝码金属丝的伸长量 Δx。

这时，若用通常的求平均值的方法，则有

$$\overline{\Delta x}=\frac{1}{7m}[(x_1-x_0)+(x_2-x_1)+(x_3-x_2)+\cdots+(x_7-x_6)]=\frac{1}{7m}(x_7-x_0)$$

这种处理仅用了首尾两个数据，中间值全部抵消，因而损失掉很多信息，是不合理的。若将以上数据按顺序分为 x_0，x_1，x_2，x_3 和 x_4，x_5，x_6，x_7 两组，并使其对应项相减，就有

$$\begin{aligned}\overline{\Delta x}&=\frac{1}{4}\left[\frac{(x_4-x_0)}{4m}+\frac{(x_5-x_1)}{4m}+\frac{(x_6-x_2)}{4m}+\frac{(x_7-x_3)}{4m}\right]\\&=\frac{1}{16m}[(x_4+x_5+x_6+x_7)-(x_0+x_1+x_2+x_3)]\end{aligned}$$

这种逐差法使用了全部的数据信息，因此，更能反映多次测量对减少误差的作用。

思 考 题

1. 指出下列各量的有效数字位数：

（1）$L = 0.000\ 1$ cm　　（2）$T = 1.000\ 1$ s

（3）$E = 2.7\times10^{25}$ J　　（4）$g = 980.120\ 6$ $\text{cm}\cdot\text{s}^{-2}$

（5）$\lambda = 3\ 392.240$ Å　　（6）$m = 10.010$ kg

2. 按照误差理论和有效数字的运算法则，改正以下错误：

（1）$L = 11.800\ 0\pm0.3$（cm）

（2）有人说 0.375 0 有五位有效数字，有人说只有三位，请纠正并说明其原因。

（3）有人说 6×10^{-6} g 比 6.0 g 测得准确，请纠正并说明其原因。

（4）18cm = 180 mm。

（5）$0.022\ 1\times0.022\ 1 = 0.000\ 488\ 41$。

（6）$\dfrac{400\times1\ 500}{12.60-11.6}=600\ 000$。

3. 找出下列正确的数据记录

（1）用分度值为 0.05 mm 的游标卡尺测物体的长度如下：

31.50 mm　31.48 mm　35.25 mm　32.5 mm　32.500 mm

（2）用分度值为 0.01 的螺旋测微计测物体长度如下：

3.50 mm　3.5 mm　3.500 mm　3.5000 mm　3.324 mm

（3）用量程为 100 mA，刻有 100 小格的 0.1 级表测量电流，指针指在 80 小格上：

80 mA　80.0 mA　80.00 mA

4. 多次测量某个物体的长度值分别为：

L_i = 6.385、6.386、6.387、6.389、6.388、6.387、6.390、6.391、6.390、6.392 mm，试求该物体长度的平均值、绝对误差、相对误差，并写出测量结果的标准表达式。

5. 用单摆测定重力加速度的公式为 $g = 4\pi^2 \dfrac{L}{T^2}$，其中 L 为摆长，T 为周期。实验测量的结果如下：

$L = 50.02 \pm 0.01$（cm），　$T = 1.4196 \pm 0.0002$（s）

试求 g 的绝对误差和相对误差，并写出 g 的标准表达式。

第二章　实验项目

实验一　基本测量

长度测量是物理测量的基础,在进行长度测量中不但要根据对长度测量的不同精度要求，合理选择不同精度的仪器，例如米尺、游标卡尺、螺旋测微计等，而且要根据测量对象的不同情况和测量条件选用适当的测量手段，所以就长度测量的仪器和方法来说是非常丰富的。这里只介绍常用的游标卡尺和螺旋测微计以及测量显微镜。

一、实验目的

（1）掌握游标卡尺、螺旋测微计和读数显微镜的原理。

（2）学会游标卡尺、螺旋测微计和读数显微镜的使用方法。

（3）运用已掌握的误差理论和有效数字的运算规则完成实验数据处理，并分析产生误差的原因。

二、实验仪器

游标卡尺、螺旋测微计、读数显微镜、待测物体。

三、实验原理

1. 游标卡尺

游标卡尺简称卡尺，它可以用来测物体的长、宽、高和深及圆环的内、外直径。测量的长度可精确到 0.01 mm、0.02 mm 或 0.05 mm。本实验以 0.02 mm 精度为例，介绍游标卡尺的基本结构，测量精度的确定，使用方法和注意事宜。

游标卡尺的构造如图 2.1.1 所示,其构造由两部分组成,一部分为刻有毫米刻度的直尺 D,称为主尺，在主尺 D 上有量爪 A、A′；另一部分为附加在主尺上能沿主尺滑动并有量爪 B、B′的不同分度尺，称为游标 E。量爪 A、B 用来测量物体的厚度和外径；量爪 A′、B′用来测量内径；C 为尾尺，用来测物体孔深或槽深，待测物体的各种数值由游标零线和主尺零线之间的距离来表示。M 为固定螺钉，用螺钉固定后，可保持原测量值。

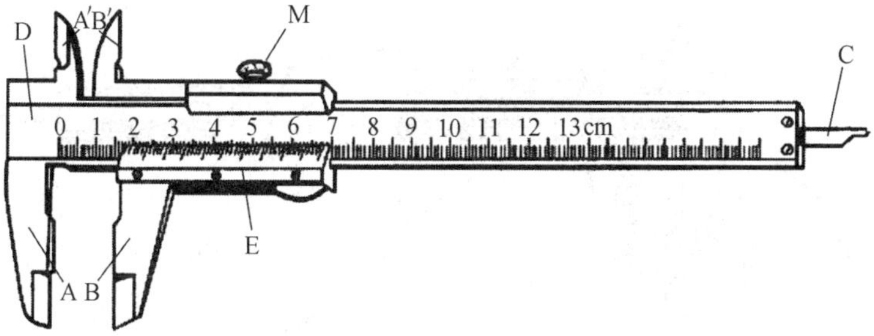

图 2.1.1　游标卡尺的外形与构造

游标尺与主尺有如下关系，若游标尺上最小总格数为 A 时，且 A 个最小分格的总长等于主尺上 $A-1$ 个最小分格的总长，如果 X、Y 分别为游标尺、主尺上最小分格的长度，则有

$$AX=(A-1)Y$$

所以有

$$Y-X=\frac{Y}{A}$$

主尺上一个分格长 Y 与游标尺上一个分格长 X 之差值如果用 ΔK 表示，则有

$$\Delta K=Y-K=\frac{Y}{A}$$

即主尺上的最小分格长度除以游标尺上的总格数。ΔK 叫游标尺的精度。

许多测量仪器上都采用游标装置，有 10 分度、20 分度、50 分度等。有的游标刻在直尺上，也有的刻在圆盘上（如旋光仪、分光仪等），它们的原理和读数方法都是一样的。一般来说游标尺的精度可用下式计算

$$\text{游标尺的精度}(\Delta K)=\frac{\text{主尺上一个最小分格的长度}}{\text{游标尺上的总分格数}}$$

例如，游标卡尺的主尺上一个最小分格为 1 mm，游标尺上共刻有 50 个最小分格，则该游标卡尺的精度为

$$\frac{1\ \text{mm}}{50}=0.02\ (\text{mm})$$

精度 0.02 表示游标尺上一个最小分格比主尺上一个最小分格长度小 0.02 mm。

游标卡尺的读数包括整数部分（L）和小数部分（ΔL）。如图 2.1.2 所示，在测物体的总长度时，把物体夹在量爪之间，被测物体的总长度是游标尺零线与主尺零线之间的距离。

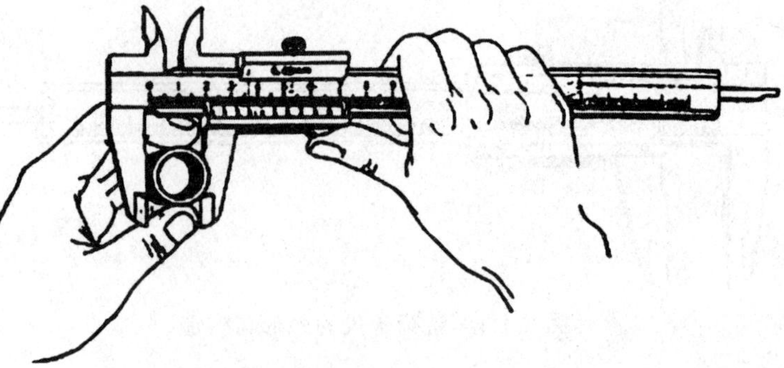

图 2.1.2　游标卡尺的使用

具体读数方法可分两步进行：

（1）主尺读数：读出主尺上最靠近游标尺“0”刻线的整数部分 L。

（2）游标读数：找出游标尺上“0”刻线右边第几条刻线和主尺的刻线对得最齐，将该条刻线的序号乘以游标尺的精度，即为小数部分ΔL。

如图 2.1.3 所示，游标卡尺的精度是 0.02 mm，主尺上最靠近游标“0”线的刻线在 33.00 mm 和 34.00 mm 之间，主尺读数为 L=33.00 mm；游标尺上“0”线右边第 23 条刻线和主尺的刻线对得最齐，游标部分的读数ΔL 为 23 × 0.02=0.46 mm。被测物体长度为

$$L+\Delta L=33.00+0.02\times 23=33.46\ \text{(mm)}$$

主尺读数：33mm

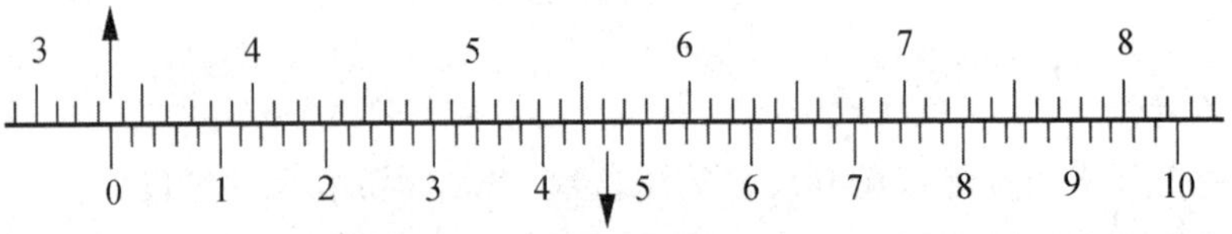

游标尺读数：23×0.02=0.46mm

图 2.1.3　游标卡尺的读数

游标卡尺使用注意事项：

（1）不要用游标卡尺测量运动中或过热的物体。

（2）推游标尺时，不要用力过大。可用左手拿着被测物体，右手拿着卡尺，用右手大拇指轻轻推游标尺，使量爪靠物体，切记不要夹得过紧和在量爪处来回擦动，以免损坏刀口。

（3）读数时要将固定螺钉 M 固定；移动游标尺时，应松开固定螺钉 M。

（4）用完后，必须揩净量面，上油防锈放回仪器盒内，切勿受潮，这样才能保持它的准确度，延长使用寿命。

（5）卡尺存放应避开磁体、热源和有腐蚀性的环境。

2. 螺旋测微计

螺旋测微计也叫千分尺，是一种比游标卡尺更精密的量具。较为常见的一种如图 2.1.4 所示，分度值是 0.01 mm，量程为 0 ~ 25 mm。

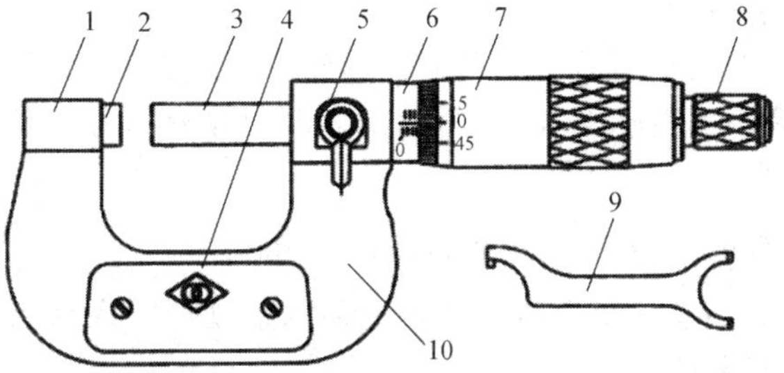

图 2.1.4　螺旋测微器的外形与构造

1—尺架；2—测砧；3—测微螺杆；4—隔热装置；5—锁紧装置；6—固定套筒；7—微分筒；8—测力装置；9—扳子；10—曲柄

其构造主要分为两部分。一部分是曲柄和固定套筒互相牢固地连在一起；另一部分是微分筒和测微螺杆牢固的连在一起。因为在固定套筒里刻有阴螺纹，测微螺杆的外面刻有阳螺旋，所以后一组可以相对前一组转动。转动时测微螺杆就向左或右移动，曲柄附在测砧和固定套筒上。微分筒后端附有测力装置（保护棘轮），当锁紧手柄锁紧后，固定套筒和微分筒的位置就固定不变。

固定套筒上刻有一条横线，其下侧是一个有毫米刻度的直尺，即主尺；它的任一刻线与其上侧相邻线的间距是 0.5 mm。在微分筒的一端侧面上刻有 50 等分的刻度，称为副尺。测微螺杆的螺距 0.5 mm，即微分筒旋转一周，测微螺杆就前进或后退 0.5 mm， 因此微分筒每转一个刻度，测微螺杆就前进或者后退 $\frac{0.5}{50}=0.01\,\text{mm}$，这个数值就是螺旋测微计的精密度。

若测微螺杆的一端与测砧相接触，微分筒的边缘就和固定套筒上零刻度相重合，同时微分筒边缘上的零刻度线和固定套筒主尺上的横线相重合，这就是零位，如图 2.1.5（a）所示。当微分筒向后旋转一周时，测微螺杆就离开测砧 0.5 mm。固定套筒上便露出 0.5 mm 的刻度线，向后转两周，固定套筒上露出 1 mm 的刻线，表示测微螺杆和测砧相距 1 mm，依此类推。因此，根据微分筒边缘所在的位置可以从主尺上读出 0.5 mm 以上的读数（0.5，1，1.5…），不足 0.5 mm 的小数部分从副尺上读出。

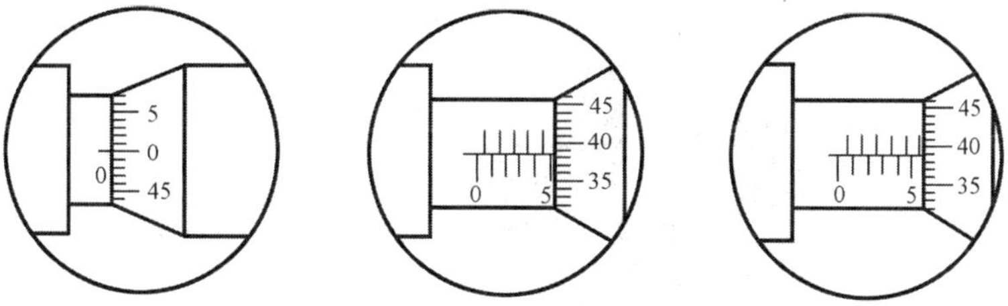

（a）0.000　（b）5.383　（c）5.887

图 2.1.5　读数示意图

如图 2.1.5（b）所示， 在固定套筒的主尺上的读数超过 5 mm 不到 5.5 mm，主尺的横线所对微分筒边缘上的刻度数已经超过了 38 个刻度，而还没达到 39 个刻度，估读为 38.3，因此物体的长度为

$$l=5\,\text{mm}+38.3\times 0.01\,\text{mm}=5.383\ \text{(mm)}$$

结果中最后一位数字 3 是估读的。

在图 2.1.5（c）中，在固定套筒的主尺上的读数已超过 5.5 mm 不到 6 mm,；微分筒边缘上的刻度读数为 38 格多，还没达到 39 个刻度，多出的部分约为一个格的十分之七，所以估读为 38.7。它的读数应为

$$l = 5.5\ \text{mm} + 38.7 \times 0.01\ \text{mm} = 5.887\ \ (\text{mm})$$

最后一位数字 7 是估读的。在这里请特别注意上面两个读数的区别。

螺旋测微计使用注意事项：

（1）测量时手要握住隔热装置，不要接触尺架，以免影响测量精度。

（2）当使测微螺杆的一端靠近并接触被测物或测砧时，不要再直接旋转微分筒，一定要改旋保护棘轮，当听到“咔，咔”的声音，就不再旋转保护棘轮了。这样可以保证测微螺杆以适当压力加在被测物或测砧上，不太松又不太紧。

（3）测量时，不足微分筒一格的测量值可估读。

（4）测量前要调好零位，记录零点读数。如果微分筒边缘上零线与固定套筒主尺上的横线相重合，恰为零位，零点读数为 0。如果活动套筒边缘上零线在主尺横线下方，则零点读数为正值。例如，主尺上横线与活动套筒边缘的第 5 根线重合，零点数是 + 0.050 mm； 如果活动套筒边缘零线在主尺横线的上方，则零点读数为负值。 例如，主尺上的横线与活动套筒边缘的第 45 根横线（即 0 线下方第 5 根线）重合，零点读数为 – 0.050 mm。实际物体长度应等于螺旋测微器的读数与零点读数之差。

（5）用完后，测微螺杆和测砧间要留有一定缝隙， 防止热膨胀时两者过分压紧而损坏螺纹。再将其擦净放入仪器盒中，置于阴凉干燥的环境中妥善保管。

3. 读数显微镜

读数显微镜是将测微螺旋（或游标装置）和显微镜组合起来成为精确测量长度的仪器。其外形结构如图 2.1.6 所示。

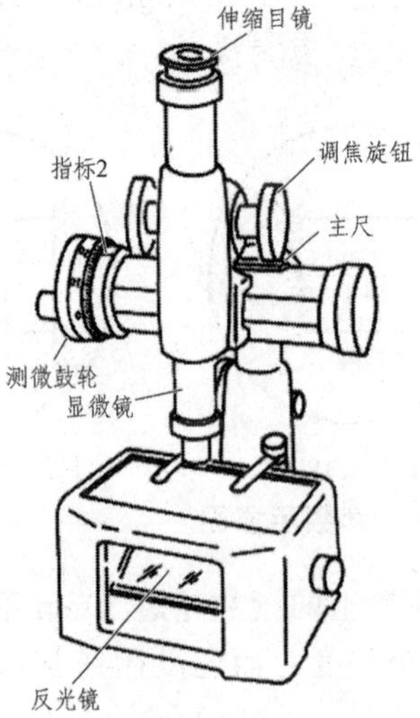

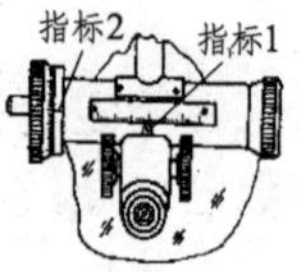

图 2.1.6 读数显微镜

此仪器所附的显微镜是低倍的（20 倍左右），由目镜、十字叉丝（靠近目镜）和物镜 3 部分组成。测微螺旋的主尺是毫米刻度尺，它的螺距是 1 mm，测微鼓轮的周边等分为 100 个分格。每转一个分格，显微镜移动 0.01 mm，所以其测量精密度也是 0.01 mm。转动测微鼓轮使显微镜移动到某一位置时的读数，可由主尺上的指示值（毫米整数）加上测微鼓轮上的读数得到。

改变读数显微镜反光镜的角度，使其将置于工作台上的待测物照亮；调节显微镜的目镜，改变目镜和十字叉丝的距离，以清楚地看到十字叉丝为止；转动调焦旋钮，通过由下而上移动显微镜改变物镜到待测物之间的距离，使待测物通过物镜成像于十字叉丝平面上，直到在目镜中同时能看清待测物成的像和十字叉丝并消除视差为止；转动测微鼓轮移动显微镜，使纵向叉丝与测量起始目标位置 A 对准（另一条叉丝和镜筒的移动方向平行），记下读数 L_A；沿同方向继续转动测微鼓轮移动显微镜，使纵向叉丝与测量目标的终点位置 B 对准，记下读数 L_B。两次读数之差为所测 A、B 两点的距离。即

$$L = L_B - L_A$$

读数显微镜注意事项：

（1）在用调焦旋钮对被测物进行调焦前，应先使显微镜镜筒下降接近被测件，然后从目镜中观察，旋转调焦旋钮，使镜筒慢慢向上移动，避免两者相碰挤坏被测物。

（2）防止回程差。由于螺杆和螺母不可能完全密接，螺旋转动方向改变时，其接触状态也改变。所以移动显微镜，使其从反方向对准同一目标的两次读数将不同，因此产生的误差称为回程差。为防止回程差，在测量时应向同一方向转动测微鼓轮，使叉丝和各目标对准，若移动叉丝超过目标时，要多退回一些，再重新向同一方向转动测微鼓轮对准目标。

（3）读数显微镜较为精密，要保持仪器的清洁，使用和搬动时，要小心谨慎，避免碰坏。

四、实验内容

1. 用螺旋测微计测量钢球直径

表 2.1.1

测量项目	仪器精确度	测量次数			平均值	绝对误差
钢球直径						

2. 用游标卡尺测量金属筒长度和内、外径

表 2.1.2

测量项目	仪器精确度	测量次数			平均值	绝对误差
长						
内径						
外径						

3. 用游标卡尺测量长方体体积

表 2.1.3

测量项目	仪器精确度	测量次数			平均值	绝对误差
长						
宽						
高						
体积						

思考题

1. 游标尺与刻度尺相比测量的结果在保留数字上有什么不同？

2. 用 $\frac{1}{10}$ 分度游标卡尺及毫米尺测量约 1.5 mm 的细丝直径，其测量结果的有效数字各为几位？

3. 读数显微镜反光镜的作用是什么？

4. 读数显微镜测微螺旋的主尺是什么刻度尺？它的螺距是多长？精确度又是多少？

实验二　光电效应和普朗克常数的测定

光电效应是指当满足一定频率条件的光照射在金属表面时如果有电子从金属表面逸出的现象。光电效应实验对于人们认识光的本质及对早期量子理论的发展，具有里程碑式的意义。

一、实验目的

（1）通过光电效应了解光的量子性。

（2）测量光电管的弱电流特性，找出不同光频率下的截止电压。

（3）验证爱因斯坦方程，用作图法求出普朗克常数。

二、实验仪器

ZKY-GD-3 光电效应实验仪。仪器由汞灯及电源、滤色片、光阑、光电管、测试仪（含光电管电源和微电流放大器）构成，仪器结构如图 2.2.1 所示，测试仪的调节面板如图 2.2.2 所示。

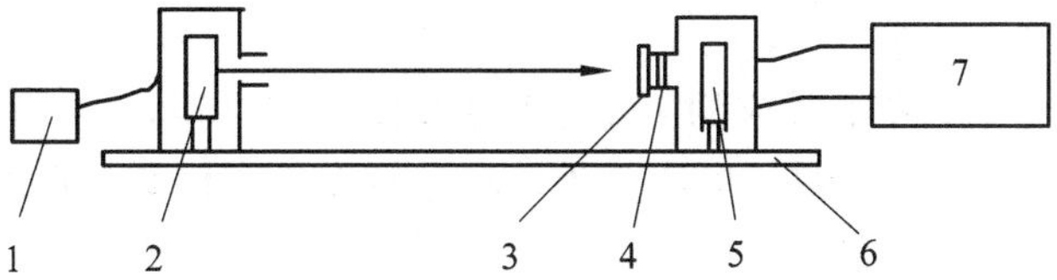

图 2.2.1　仪器结构

1—汞灯电源；2—汞灯；3—滤色片；4—光阑；5—光电管；6—基座

汞灯：可用谱线 365.0 nm、404.7 nm、435.8 nm、546.1 nm、577.0 nm、579.0 nm。

滤色片：5 片，透射波长 365.0 nm、404.7 nm、435.8 nm、546.1 nm、577.0 nm。

光阑：3 片，直径 2 mm、4 mm、8 mm。

光电管：光谱响应范围 320 ~ 700 nm，暗电流：$I \leqslant 2\times10^{-12}$A（-2 V≤$U_{AK}$≤0 V）。

光电管电源：2 挡，－2 ~ ＋2V，－2 ~ ＋30V，三位半数显，稳定度≤0.1%。

微电流放大器：6 挡，10^{-8} ~ 10^{-13}A，分辨率 10^{-14}A，三位半数显，稳定度≤0.2%。

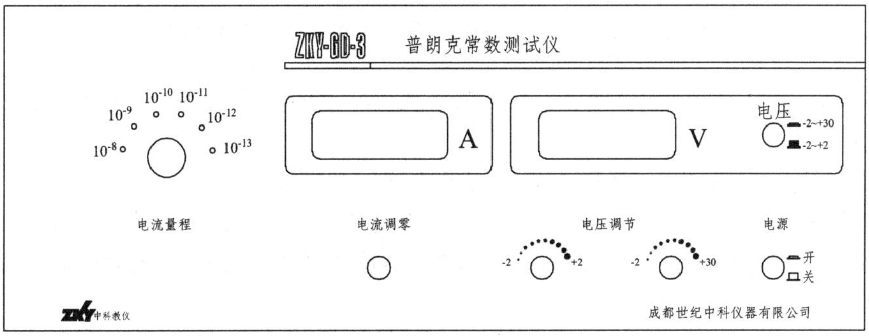

图 2.2.2　仪器面板图

三、实验原理

光电效应的实验原理如图 2.2.3 所示。入射光照射到光电管阴极 K 上，产生的光电子在电场的作用下向阳极 A 迁移构成光电流，改变外加电压 U_{AK}，测量出光电流 I 的大小，即可得出光电管的伏安特性曲线。图 2.2.4 所示为某一频率下，某一光强时光电管的伏安特性曲线。

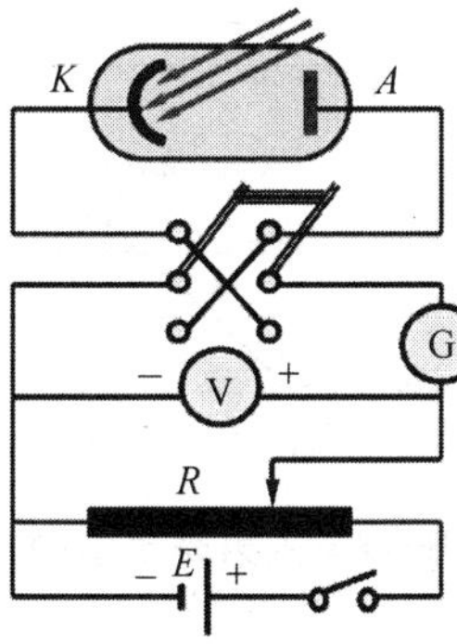

图 2.2.3　实验原理图

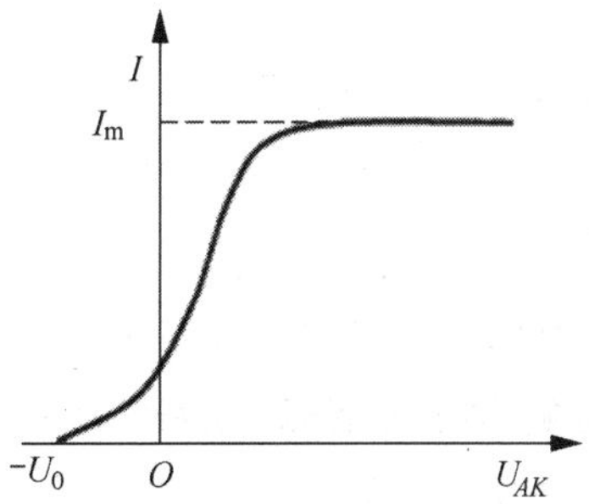

图 2.2.4　某一频率下，某一光强时光电管的伏安特性曲线

光电效应的实验结果如下：

（1）对应于某一频率，光电效应的 I-U_{AK} 关系如图 2.2.5 所示。从图中可见，对一定的频率，有一电压 U_0，当 $U_{AK} \leqslant U_0$ 时，电流为零，这个相对于阴极的负值的阳极电压 U_0，被称为截止电压。

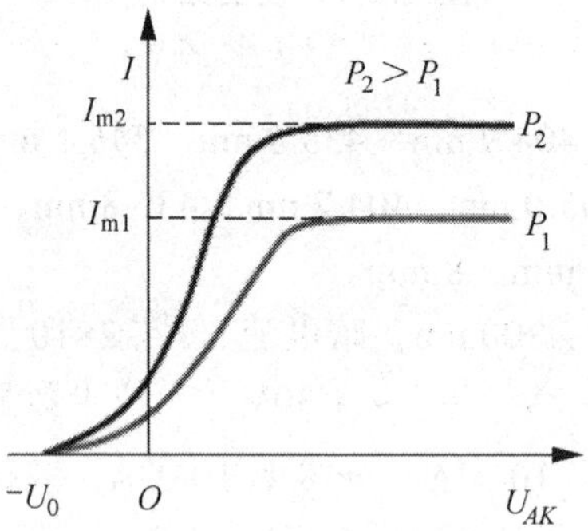

图 2.2.5　同一频率，不同光强时光电管的伏安特性曲线

（2）当 $U_{AK} \geqslant U_0$ 后，I 迅速增加，然后趋于饱和，饱和光电流 I_M 的大小与入射光的强度 P 成正比。

（3）对于不同频率的光，其截止电压的值不同，如图 2.2.6 所示。

（4）作截止电压 U_0 与频率 ν 的关系图，如图 2.2.7 所示。U_0 与 ν 呈正比关系。当入射光频率低于某极限值 ν_0（ν_0 随不同金属而异）时，不论光的强度如何，照射时间多长，都没有光电流产生。

（5）光电效应是瞬时效应。即使入射光的强度非常微弱，只要频率大于 ν_0，在开始照射后立即有光电子产生，所经过的时间至多为 10^{-9} s 的数量级。

按照爱因斯坦的光量子理论，光能并不像电磁波理论所想象的那样，分布在波阵面上，而是集中在被称之为光子的微粒上，但这种微粒仍然保持着频率（或波长）的概念，频率为 ν 的光子具有能量 $E = h\nu$，h 为普朗克常数。当光子照射到金属表面上时，一次就被金属中的电子全部吸收，而无需积累能量的时间。电子把这能量的一部分用来克服金属表面对它的吸引力，余下的就变为电子离开金属表面后的动能，按照能量守恒原理，爱因斯坦提出了著名的光电效应方程

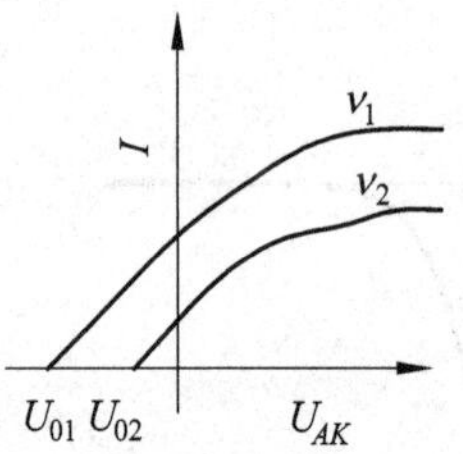

图 2.2.6　不同频率时光电管的伏安特性曲线

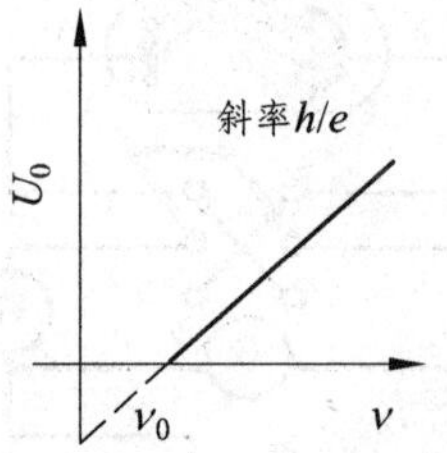

图 2.2.7　截止电压 U 与入射光频率 ν 的关系图

$$h\nu = \frac{1}{2}mv_0^2 + A \tag{2.2.1}$$

式中，A 为金属的逸出功，$\frac{1}{2}mv_0^2$ 为光电子获得的初始动能。

由该式可见，入射到金属表面的光频率越高，逸出的电子动能越大，所以即使阳极电位比阴极电位低时也会有电子落入阳极形成光电流，直至阳极电位低于截止电压，光电流才为零，此时有关系

$$eU_0 = \frac{1}{2}mv_0^2 \tag{2.2.2}$$

阳极电位高于截止电压后，随着阳极电位的升高，阳极对阴极发射的电子的收集作用越强，光电流随之上升；当阳极电压高到一定程度，已把阴极发射的光电子几乎全收集到阳极，再增加 U_{AK} 时 I 不再变化，光电流出现饱和，饱和光电流 I_M 的大小与入射光的强度 P 成正比。

光子的能量 $h\nu_0<A$ 时，电子不能脱离金属，因而没有光电流产生。产生光电效应的最低频率（截止频率）是 $\nu_0 = A/h$。

将（2.2.2）式代入（2.2.1）式可得

$$eU_0 = h\nu - A \tag{2.2.3}$$

此式表明截止电压 U_0 是频率 ν 的线性函数，直线斜率 $k = h/e$，只要用实验方法得出不同的频率对应的截止电压，求出直线斜率，就可算出普朗克常数 h（普朗克常数的公认值：$h_0 = 6.626\times10^{-34}$ J·s）。

爱因斯坦的光量子理论成功地解释了光电效应规律。

四、实验内容

1. 测试前准备

将测试仪及汞灯电源接通，预热 20 min。

把汞灯及光电管暗箱遮光盖盖上，将汞灯暗箱光输出口对准光电管暗箱光输入口，调整光电管与汞灯距离为约 40 cm 并保持不变。

用专用连接线将光电管暗箱电压输入端与测试仪电压输出端（后面板上）连接起来（红-红，蓝-蓝）。

将“电流量程”选择开关置于所选挡位，仪器在充分预热后，进行测试前调零，旋转“调零”旋钮使电流指示为 000.0。

用高频匹配电缆将光电管暗箱电流输出端 K 与测试仪微电流输入端（后面板上）连接起来。

2. 测　量

1）测量截止电压

将电压选择按键置于−2 V ~ +2 V 挡；将“电流量程”选择开关置于 10^{-13}A 挡，将测试仪

电流输入电缆断开，调零后重新接上；将直径 4 mm 的光阑及 365.0 nm 的滤色片装在光电管暗箱光输入口上，调节电压，用“零电流法”测量该波长对应的 U_0，并将数据记于表 2.2.1 中。

依次换上 404.7 nm，435.8 nm，546.1nm，577.0 nm 的滤色片，重复以上测量步骤。

表 2.2.1　U_0-ν 关系　　$L = 400$ mm　光阑孔 $\Phi = 4$ mm

波长 λ_i（nm）	365.0	404.7	435.8	546.1	577.0
频率 ν_i（$\times 10^{14}$ Hz）	8.214	7.408	6.879	5.490	5.196
截止电压 U_{0i}（V）					

由表 2.2.1 中测出的各种波长的截止电压可计算出普朗克常数 h。

2）测光电管的伏安特性

（1）将电压选择按键置于−2 V ~ +30 V 挡；将“电流量程”选择开关置于 10^{-11}A 挡；将测试仪电流输入电缆断开，调零后重新接上，将直径 2 mm 的光阑及 435.8 nm 的滤色片装在光电管暗箱光输入口上。

从低到高调节电压，记录电流从零到非零点所对应的电压值作为第一组数据，以后电压每变化一定值记录一组数据到表 2.2.2 中。

换上直径 4 mm 的光阑及 546.1 nm 的滤色片，重复上述测量步骤。

表 2.2.2　I-U_{AK} 关系（电压取值间隔为 3 V）　　$L = 400$ mm

365.0 nm 光阑 4 mm	U_{AK}（V）	（$-U_0$）								27
	I（$\times 10^{-10}$ A）									
404.7 nm 光阑 4 mm	U_{AK}（V）									
	I（$\times 10^{-10}$ A）									

用表 2.2.2 中数据在坐标纸上作出对应于以上两种波长的伏安特性曲线。

（2）在 U_{AK} 为 30 V 时，将“电流量程”选择开关置于 10^{-10} A 挡，将测试仪电流输入电缆断开，调零后重新接上，在同一谱线，在同一入射距离下，记录光阑分别为 2 mm，4 mm，8 mm 时对应的电流值于表 2.2.3 中。

表 2.2.3　I_M-P 关系　　$U_{AK} = 30$ V，$L = 400$ mm

435.8 nm	光阑孔 Φ			
	I（$\times 10^{-10}$A）			
546.1 nm	光阑孔 Φ			
	I（$\times 10^{-10}$A）			

由于照到光电管上的光强与光阑面积成正比，用表 2.2.3 中数据验证光电管的饱和光电流与入射光强成正比。

（3）在 U_{AK} 为 30V 时，将“电流量程”选择开关置于 10^{-10} A 挡并调零，测量并记录在同一谱线、同一光阑下，光电管与入射光不同距离（如 300 mm、350 mm、400 mm 等）对应的电流值于表 2.2.4 中，同样验证与入射光成正比。

表 2.2.4　I_M-P 关系　　U_{AK} = 30 V，Φ = 4 mm

435.8 nm	入射距离 L			
	I（$\times 10^{-10}$A）			
546.1 nm	入射距离 L			
	I（$\times 10^{-10}$A）			

五、注意事项

（1）本实验不必要求暗室环境，但应避免背景光强的剧烈变化。

（2）实验过程中注意随时盖上汞灯的遮光盖，严禁让汞光不经过滤光片直接入射光电管窗口。

（3）实验结束时应盖上光电管暗箱和汞灯的遮光盖！

（4）实验中，汞灯如果关闭，必须经过 5 min 后才可重新启动。

（5）注意保护滤光片，勿用手触摸其表面，防止污染。

思 考 题

1. 光电效应的基本规律是什么？
2. 如何由光电效应测出普朗克常数 h？

[附]　光电效应介绍

光电效应是指一定频率的光照射在金属表面时会有电子从金属表面逸出的现象。光电效应实验对于认识光的本质及早期量子理论的发展，具有里程碑式的意义。

自古以来，人们就试图解释光是什么，到 17 世纪，研究光的反射、折射、成像等规律的几何光学基本确立。牛顿等人在研究几何光学现象的同时，根据光的直线传播性，认为光是一种微粒流，微粒从光源飞出来，在均匀物质内以力学规律作匀速直线运动。微粒流学说很自然地解释了光的直线传播等性质，在 17～18 世纪的学术界占有主导地位，但在解释牛顿环等光的干涉现象时遇到了困难。

惠更斯等人在 17 世纪就提出了光的波动学说，认为光是以波的方式产生和传播的，但早期的波动理论缺乏数学基础，很不完善，没有得到重视。19 世纪初，托马斯·杨发展了惠更斯的波动理论，成功地解释了干涉现象，并提出了著名的杨氏双缝干涉实验，为波动学说提供了很好的证据。1818 年，年仅 30 岁的菲涅耳在法国科学院关于光的衍射问题的一次悬奖征文活动中，从光是横波的观点出发，圆满地解释了光的偏振，并以严密的数学推理，定量地计算了光通过圆孔、圆板等形状的障碍物所产生的衍射花纹，推出的结果与实验符合得很好，使评奖委员会大为叹服，菲涅耳由此荣获了这一届的科学奖，波动学说从此逐步为人们所接受。1856—1865 年，麦克斯韦建立了电磁场理论，指出光是一种电磁波，光的波动理论得到确立。

19 世纪末，物理学已经有了相当的发展，在力、热、电、光等领域，都已经建立了完整的理论体系，在应用上也取得了巨大成果。就当物理学家普遍认为物理学发展已经到顶时，从实验上陆续出现了一系列重大发现，揭开了现代物理学革命的序幕，光电效应实验在其中起了重要的作用。

1887 年赫兹在用两套电极做电磁波的发射与接收的实验中，发现当紫外光照射到接收电极的负极时，接收电极间更易于产生放电，赫兹的发现吸引了许多人去做这方面的研究工作。斯托列托夫发现负电极在光的照射下会放出带负电的粒子，形成光电流，光电流的大小与入射光强度成正比，光电流实际是在照射开始时立即产生，无需时间上的积累。1899 年，汤姆逊测定了光电流的荷质比，证明光电流是阴极在光照射下发射出的电子流。赫兹的助手勒纳德从 1889 年就从事光电效应的研究工作，1900 年，他用在阴阳极间加反向电压的方法研究电子逸出金属表面的最大速度，发现光源和阴极材料都对截止电压有影响，但光的强度对截止电压无影响，电子逸出金属表面的最大速度与光强无关，这是勒纳德的新发现，勒纳德因在这方面的工作获得 1905 年的诺贝尔物理奖。

光电效应的实验规律与经典的电磁理论是矛盾的，按经典理论，电磁波的能量是连续的，电子接受光的能量获得动能，应该是光越强，能量越大，电子的初速度越大；实验结果是电子的初速与光强无关；按经典理论，只要有足够的光强和照射时间，电子就应该获得足够的能量逸出金属表面，与光波频率无关；实验事实是对于一定的金属，当光波频率高于某一值时，金属一经照射，立即有光电子产生；当光波频率低于该值时，无论光强多强，照射时间多长，都不会有光电子产生。光电效应使经典的电磁理论陷入困境，包括勒纳德在内的许多物理学家，提出了种种假设，企图在不违反经典理论的前提下，对上述实验事实作出解释，但都过于牵强附会，经不起推理和实践的检验。

1900 年，普朗克在研究黑体辐射问题时，先提出了一个符合实验结果的经验公式，为了从理论上推导出这一公式，他采用了玻尔兹曼的统计方法，假定黑体内的能量是由不连续的能量子构成，能量子的能量为 $h\nu$。能量子的假说具有划时代的意义，但是无论是普朗克本人还是他的许多同时代人当时对这一点都没有充分认识。爱因斯坦以他惊人的洞察力，最先认识到量子假说的伟大意义并予以发展，1905 年，在其著名论文《关于光的产生和转化的一个试探性观点》中写道："在我看来，如果假定光的能量在空间的分布是不连续的，就可以更好地理解黑体辐射，光致发光，光电效应以及其他有关光的产生和转化的现象的各种观察结果。根据这一假设，从光源发射出来的光能在传播中将不是连续分布在越来越大的空间之中，而是由一个数目有限的局限于空间各点的光量子组成，这些光量子在运动中不再分散，只能整个地被吸收或产生。”作为例证，爱因斯坦由光子假设得出了著名的光电效应方程，解释了光电效应的实验结果。

爱因斯坦的光子理论由于与经典电磁理论抵触，一开始受到怀疑和冷遇。一方面是因为人们受传统观念的束缚，另一方面是因为当时光电效应的实验精度不高，无法验证光电效应方程。密立根从 1904 年开始光电效应实验，历经十年，用实验证实了爱因斯坦的光量子理论。两位物理大师因在光电效应等方面的杰出贡献，分别于 1921 和 1923 年获得诺贝尔物理学奖。密立根在 1923 年的领奖演说中，这样谈到自己的工作：“经过十年之久的实验、改进和学习，有时甚至还遇到挫折，在这以后，我把一切努力针对光电子发射能量的精密测量，测量它随温度、波长、材料改变的函数关系。与我自己预料的相反，这项工作终于在 1914 年成了爱因斯坦方程在很小的实验误差范围内精确有效的第一次直接实验证据，并且第一次直接从光电效应测定普朗克常数 h。”爱因斯坦这样评价密立根的工作：“我感激密立根关于光电效应的研究，它第一次判决性地证明了在光的影响下电子从固体发射与光的频率有关，这一量子论的结果是辐射的量子结构所特有的性质。”

光量子理论创立后，在固体比热、辐射理论、原子光谱等方面都获得成功，人们逐步认识到光具有波动和粒子二象属性。光子的能量 $E = h\nu$与频率有关，当光传播时，显示出光的波动性，产生干涉、衍射、偏振等现象；当光和物体发生作用时，它的粒子性又突出了出来。后来科学家发现波粒二象性是一切微观物体的固有属性，并发展了量子力学来描述和解释微观物体的运动规律，使人们对客观世界的认识又前进了一大步。

实验三 用密立根油滴实验测电子电荷 e

著名的美国物理学家密立根（Robert A.Millikan）在 1909 年到 1917 年期间所做的测量微小油滴上所带电荷的工作，即油滴实验，是物理学发展史上具有重要意义的实验。这一实验的设计思想简明巧妙、方法简单，而结论却具有不容置疑的说服力，因此这一实验堪称物理实验的精华和典范。密立根在这一实验工作上花费了近 10 年的心血，从而取得了具有重大意义的结果，那就是：（1）证明了电荷的不连续性。（2）测量并得到了元电荷即电子电荷，其值为 1.60×10^{-19} C。现公认 e 是元电荷，对其值的测量精度不断提高，目前给出最好的结果为

$$e = (1.602\,177\,33 \pm 0.000\,000\,49) \times 10^{-19}\ \text{C}$$

正是由于这一实验的巨大成就，密立根荣获了 1923 年的诺贝尔物理学奖。

90 多年来，物理学发生了根本的变化，而这个实验又重新站到实验物理的前列，近年来根据这一实验的设计思想改进的用磁漂浮的方法测量分数电荷的实验，使古老的实验又焕发了青春，也就更说明密立根油滴实验是富有巨大生命力的实验。

一、实验目的

（1）验证电荷的不连续性以及测量基本电荷电量。

（2）了解 CCD 传感器、光学系统成像原理及视频信号处理技术的工程应用。

二、实验仪器

实验仪器由主机、CCD 成像系统、油滴盒、监视器等部件组成，如图 2.3.1 所示。

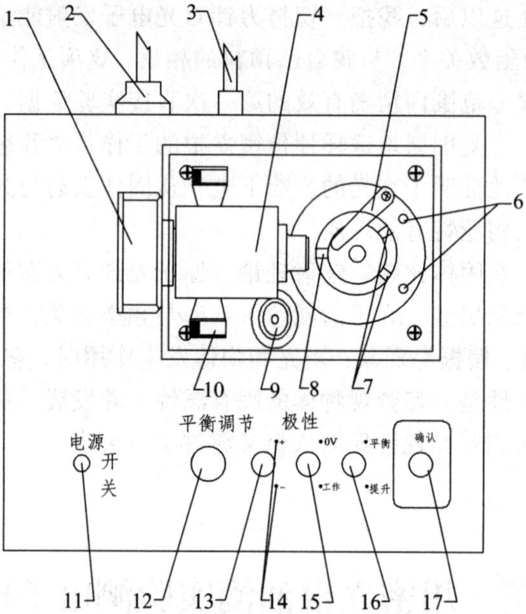

图 2.3.1　实验仪部件示意图

1—CCD 模块；2—电源线；3—Q9 视频线缆；4—光学系统；5—上极板压簧；6—光源；7—进光孔；8—观察孔；9—水准泡；10—调焦旋钮；11—电源开关；12—平衡调整旋钮；13—极性切换按键；14—状态指示灯；15—工作状态切换按键；16—平衡、提升切换按键；17—确定按键

三、实验原理

密立根油滴实验测定电子电荷的基本设计思想是使带电油滴在测量范围内处于受力平衡状态。按运动方式分类，油滴法测电子电荷分为动态测量法和平衡测量法。

1. 动态测量法（选做）

考虑重力场中一个足够小油滴的运动，设此油滴半径为 r，质量为 m_1，空气是黏滞流体，故此运动油滴除重力和浮力外还受黏滞阻力的作用。由斯托克斯定律，黏滞阻力与物体运动速度成正比。设油滴以速度 v_f 匀速下落，则有

$$m_1 g - m_2 g = K v_f \tag{2.3.1}$$

此处 m_2 为与油滴同体积的空气质量，K 为比例系数，g 为重力加速度。油滴在空气及重力场中的受力情况如图 2.3.2 所示。

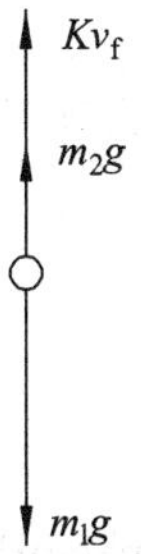

图 2.3.2　重力场中油滴受力示意图

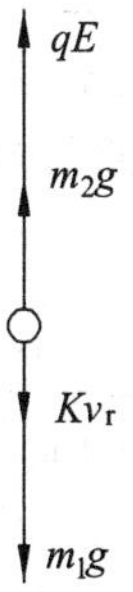

图 2.3.3　电场中油滴受力示意图

若此油滴带电荷为 q，并处在场强为 E 的均匀电场中，设电场力 qE 方向与重力方向相反，如图 2.3.3 所示，如果油滴以速度 v_r 匀速上升，则有

$$qE = (m_1 - m_2)g + Kv_f \tag{2.3.2}$$

由式（2.3.1）和（2.3.2）消去 K，可解出 q 为

$$q = \frac{(m_1 - m_2)g}{Ev_f}(v_f + v_r) \tag{2.3.3}$$

由式（2.3.3）可以看出，要测量油滴上携带的电荷 q，需要分别测出 m_1、m_2、E、v_f、v_r 等物理量。

由喷雾器喷出的小油滴的半径 r 是微米数量级，直接测量其质量 m_1 也是困难的，为此希望消去 m_1，而代之以容易测量的量。设油与空气的密度分别为 ρ_1、ρ_2，于是半径为 r 的油滴的视重为

$$m_1 g - m_2 g = \frac{4}{3}\pi r^3(\rho_1 - \rho_2)g \tag{2.3.4}$$

由斯托克斯定律，黏滞流体对球形运动物体的阻力与物体速度成正比，其比例系数 K 为 $6\pi\eta r$，此处 η 为黏度，r 为物体半径。于是可将式（2.3.4）代入式（2.3.1），有

$$v_f = \frac{2gr^3}{9\eta}(\rho_1 - \rho_2) \tag{2.3.5}$$

因此

$$r = \left[\frac{9\eta v_f}{2g(\rho_1 - \rho_2)}\right]^{\frac{1}{2}} \tag{2.3.6}$$

以此代入式（2.3.3）并整理得到

$$q = 9\sqrt{2}\pi\left[\frac{\eta^3}{(\rho_1-\rho_2)g}\right]^{\frac{1}{2}}\frac{1}{E}\left(1+\frac{v_r}{v_f}\right)v_f^{\frac{3}{2}} \tag{2.3.7}$$

因此，如果测出 v_r、v_f 和 η、ρ_1、ρ_2、E 等宏观量即可得到 q 值。

考虑到油滴的直径与空气分子的间隙相当，空气已不能看成是连续介质，其黏度 η 需作相应的修正

$$\eta' = \frac{\eta}{1+\dfrac{b}{pr}}$$

此处 p 为空气压强，b 为修正常数，$b = 0.008\,23$ N/m（6.17×10^{-6} m·cmHg），因此

$$v_f = \frac{2gr^2}{9\eta}(\rho_1-\rho_2)\left(1+\frac{b}{pr}\right) \tag{2.3.8}$$

当精度要求不是太高时，常采用近似计算方法。先将 v_f 值代入（2.3.6）式计算得

$$r_0 = \left[\frac{9\eta v_f}{2g(\rho_1-\rho_2)}\right]^{\frac{1}{2}} \tag{2.3.9}$$

再将此 r_0 值代入 η' 中，并以 η' 代入式（2.3.7），得

$$q = 9\sqrt{2}\pi\left[\frac{\eta^3}{(\rho_1-\rho_2)g}\right]^{\frac{1}{2}}\frac{1}{E}\left(1+\frac{v_r}{v_f}\right)v_f^{\frac{3}{2}}\left[\frac{1}{1+\dfrac{b}{pr_0}}\right]^{\frac{3}{2}} \tag{2.3.10}$$

实验中常常固定油滴运动的距离，通过测量油滴在距离 s 内所需要的运动时间来求得其运动速度，且电场强度 $E=\dfrac{U}{d}$，d 为平行板间的距离，U 为所加的电压，因此，式（2.3.10）可写成

$$q = 9\sqrt{2}\pi d\left[\frac{(\eta s)^3}{(\rho_1-\rho_2)g}\right]^{\frac{1}{2}}\frac{1}{U}\left(\frac{1}{t_f}+\frac{1}{t_r}\right)\left(\frac{1}{t_f}\right)^{\frac{1}{2}}\left[\frac{1}{1+\dfrac{b}{pr_0}}\right]^{\frac{3}{2}} \tag{2.3.11}$$

式中有些量和实验仪器以及条件有关，选定之后在实验过程中不变，如 d、s、$(\rho_1-\rho_2)$ 及 η 等，将这些量与常数一起用 C 代表，可称为仪器常数，于是式（2.3.11）简化成

$$q = C\frac{1}{U}\left(\frac{1}{t_f}+\frac{1}{t_r}\right)\left(\frac{1}{t_f}\right)^{\frac{1}{2}}\left[\frac{1}{1+\dfrac{b}{pr_0}}\right]^{\frac{3}{2}} \tag{2.3.12}$$

由此可知，测量油滴上的电荷，只体现在 U、t_f、t_r 的不同。对同一油滴，t_f 相同，U 与 t_r 的不同，标志着电荷的不同。

2. 平衡测量法

平衡测量法的出发点是使油滴在均匀电场中静止在某一位置,或在重力场中作匀速运动。

当油滴在电场中平衡时，油滴在两极板间受到的电场力 qE、重力 m_1g 和浮力 m_2g 达到平衡，从而静止在某一位置，即

$$qE=(m_1-m_2)g \tag{2.3.13}$$

油滴在重力场中作匀速运动时，情形同动态测量法，将式（2.3.4）、（2.3.9）和 $\eta'=\dfrac{\eta}{1+\dfrac{b}{pr}}$ 代入式（2.3.11）并注意到 $\dfrac{1}{t_r}=0$，则有

$$q=9\sqrt{2}\pi d\left[\frac{(\eta s)^3}{(\rho_1-\rho_2)g}\right]^{\frac{1}{2}}\frac{1}{U}\left(\frac{1}{t_f}\right)^{\frac{3}{2}}\left[\frac{1}{1+\dfrac{b}{pr_0}}\right]^{\frac{3}{2}} \tag{2.3.14}$$

四、实验内容

学习控制油滴在视场中的运动，并选择合适的油滴测量元电荷。要求至少测量 5 个不同的油滴，每个油滴的测量次数应在 3 次以上。

1. 调整油滴实验仪器

1）水平调整

调整实验仪底部的旋钮，通过水准仪将实验平台调平，使平衡电场方向与重力方向平行以免引起实验误差。极板平面是否水平决定了油滴在下落或提升过程中是否发生前后、左右的漂移。

2）喷雾器调整

将少量钟表油缓慢倒入喷雾器的储油腔内，使钟表油湮没提油管下方，油不要太多，以免实验过程中不慎将油倾倒至油滴盒内堵塞落油孔。将喷雾器竖起，用手挤压气囊，使得提油管内充满钟表油。

3）仪器硬件接口连接

主机接线：电源线接交流 220 V；Q9 视频输出接监视器视频输入（IN）或接数据采集卡输入端。

图 2.3.4　数据采集卡

数据采集卡：直接插入 PCI 插槽即可（见图 2.3.4）。

监视器：输入阻抗开关拨至 75 Ω（ohm），Q9 视频线缆接 IN 输入插座。电源线接 220 V 交流电压。前面板调整旋钮自左至右依次为左右调整、上下调整、亮度调整、对比度调整。

4）CCD 成像系统调整

打开仪器电源，从喷雾口喷入油滴，此时监视器上应该出现油滴的像。若没有看到油滴的像，则需调整成像旋钮使其前后移动或检查喷雾器是否有油喷出。

2. 选择适当的油滴并练习控制油滴

1）选择适当的油滴

要做好油滴实验，所选的油滴体积要适中，大的油滴虽然比较亮，但一般带的电荷多，下降或提升太快，不容易测准确。太小则受布朗运动的影响明显，测量时涨落较大，也不容易测准确。因此应该选择质量适中而带电不多的油滴，建议选择带电量在 10 个电子左右，下落时间在 15 s 左右的油滴进行测量。

选择方法：若要选择带电量较少的油滴，应将仪器置于工作、提升状态，电压调整至 400 V 以上。喷入油滴后，观察提升速度较慢、且体积适中的油滴，同时调整平衡电压旋钮使选中的油滴趋于平衡，平衡电压应为 150 ~ 350 V。

2）平衡电压的确认

仔细调整平衡电压旋钮使油滴平衡在某一格线上，等待一段时间，观察油滴是否飘离格线，若其向同一方向飘动，则需重新调整；若其基本稳定在格线或只在格线上下作轻微的布朗运动，则可以认为其基本达到了力学平衡。

由于油滴在实验过程中处于挥发状态，在对同一油滴进行多次测量时，每次测量前都需要重新调整平衡电压，以免引起较大的实验误差。事实证明，同一油滴的平衡电压将随着时间的推移有规律地递减，且其对实验误差的贡献很大。

3）控制油滴的运动

选择适当的油滴，调整平衡电压，使油滴平衡在某一格线上，将工作状态按键切换至 0 V 状态，绿色指示灯点亮，此时上下极板同时接地，电场力为零，油滴将在重力、浮力及空气阻力的作用下作下落运动，同时计时器开始记录油滴下落的时间；待油滴下落至预定格线时，将按键切换至工作状态（平衡、提升按键处于平衡状态），此时油滴将停止下落，计时器关闭，可以通过确认键将此次测量数据记录到屏幕上。

将工作状态按键切换至工作状态，红色指示灯点亮，此时仪器根据平衡、提升按键的不同分两种情形：若置于平衡状态，则可以通过平衡电压调节旋钮调整平衡电压；若置于提升状态，则极板电压将在原平衡电压的基础上再增加 200 ~ 300 V 的电压，用来向上提升油滴。

确认键用来实时记录屏幕上的电压值以及计时值，最多可记录 5 组数据，循环刷新，往复不断。

注意：考虑到动态测量法需要记录提升电压的值，因此提升动作完成后，务必按一下确认键或者切换至 0 V 一次，重新激活 A/D 采样，否则提升电压将会锁定在屏幕上保持不变。

3. 正式测量

实验可选用平衡测量法（推荐）、动态测量法这两种方法进行测量。

1）平衡测量法

（1）开启电源，将工作状态按键切换至工作状态，红色指示灯点亮；将平衡、提升按键置于平衡状态。

（2）喷雾器向喷雾杯中喷入油雾，此时监视器上将出现大量油滴，宛如漫天的繁星一样。选取适当的油滴，仔细调整平衡电压，使其平衡在某一起始格线上。

（3）工作状态按键切换至 0 V 状态，此时油滴开始下落，同时计时器启动，开始记录油滴的下落时间。

（4）当油滴下落至预定格线时，快速地将工作状态按键切换至工作状态，油滴将立即停止。此时可以通过确认按键将测量结果记录在屏幕上。

（5）将平衡、提升按键置于提升状态，油滴将被向上提升，当回到略高于起始位置时，迅速置回平衡状态，然后将工作状态按键置于 0 V 状态使油滴下落一小段距离，使其靠近起始位置。

（6）重新调整平衡电压，重复以上三步，并将数据记录到屏幕上。（平衡电压 U 及下落时间 t）

2）动态测量法（选做）

动态测量法是分别测出下落时间 t_{f}、提升时间 t_{r} 及提升电压 U，并代入式（2.3.11）即可求得油滴带电量 q。

4. 数据处理

平衡法依据的公式为

$$q = 9\sqrt{2}\pi d\left[\frac{(\eta s)^3}{(\rho_1-\rho_2)g}\right]^{\frac{1}{2}}\frac{1}{U}\left(\frac{1}{t_{\mathrm{f}}}\right)^{\frac{3}{2}}\left[\frac{1}{1+\dfrac{b}{pr_0}}\right]^{\frac{3}{2}} \qquad (2.3.15)$$

式中 $r_0=\left[\dfrac{9\eta s}{2g(\rho_1-\rho_2)t_{\mathrm{f}}}\right]^{\frac{1}{2}}$

d 为极板间距　　$d = 5.00\times10^{-3}$ m

η 为空气黏滞系数　　$\eta = 1.83\times10^{-5}\ \mathrm{kg\cdot m^{-1}\cdot s^{-1}}$

s 为下落距离　　$s = 1.8\times10^{-3}$ m

ρ_1 为油的密度　　$\rho_1 = 981\ \mathrm{kg\cdot m^{-3}}$（20°C）

ρ_2 为空气密度　　$\rho_2 = 1.292\,8\ \mathrm{kg\cdot m^{-3}}$（标准状况下）

g 为重力加速度　　$g = 9.794\ \mathrm{m\cdot s^{-2}}$（成都）

b 为修正常数　　$b = 0.008\,23$ N/m（$6.17\times10^{-6}\ \mathrm{m\cdot cmHg}$）

p 为标准大气压强　　　　　$p = 101\,325$ Pa （76.0 cmHg）
U 为平衡电压
t_f 为油滴的下落时间

注：① 由于油的密度远远大于空气的密度，即 $\rho_1 >> \rho_2$，因此 ρ_2 相对于 ρ_1 来讲可忽略不计（当然也可代入计算）。

② 标准状况指大气压强 $p = 101\,325$ Pa，温度 $t = 20$°C，相对湿度 $\phi = 50\%$的空气状态。实际大气压强可由气压表读出。

③ 油的密度随温度变化关系：

T（°C）	0	10	20	30	40
$\rho(\mathrm{kg \cdot m^{-3}})$	991	986	981	976	971

计算出各油滴的电荷后，求它们的最大公约数，即为基本电荷 e 值（需要足够的数据统计量）。

思 考 题

1. 在调平衡电压的同时，能否加上升压电压？
2. 长时间地监测一个油滴，由于挥发使油滴质量不断减少，它将影响哪些量的测量？
3. 一个油滴下落极快，反映了什么？若平衡电压太小，油滴的运动状态如何？

实验四　碰撞时的动量守恒

一、实验目的

（1）利用动量-时间曲线（P-t 曲线）研究两小车在发生弹性碰撞和非弹性碰撞过程中的动量守恒。

（2）熟悉传感技术和数据接口技术在物理实验中的运用。

二、实验仪器

转动传感器（RMS）（CI-6538）（2 组），动力学轨道（ME-9435A 或 ME-9458），RMS/IDS 套装（CI-6569）（2 组），PASCO 计算机接口（750 型），IDS 设备附件（CI-6692）（2 组）；科学工作室 2.2 版或更高，plunger 小车或碰撞小车（ME-9430 或 ME-9454），计算机。

三、实验原理

在发生碰撞前的小车的情形如图 2.4.1 所示：

m_1 表示第一辆小车的质量，v_1 表示第一辆小车的初速度，m_2 表示第二辆小车的质量，v_2 表示第二辆小车的初速度，为 0。

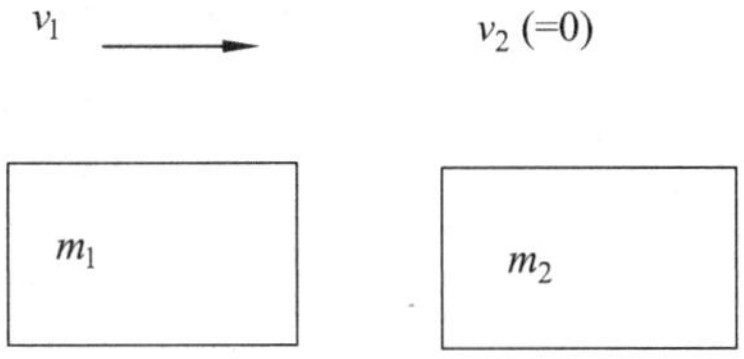

图 2.4.1　碰撞前的小车

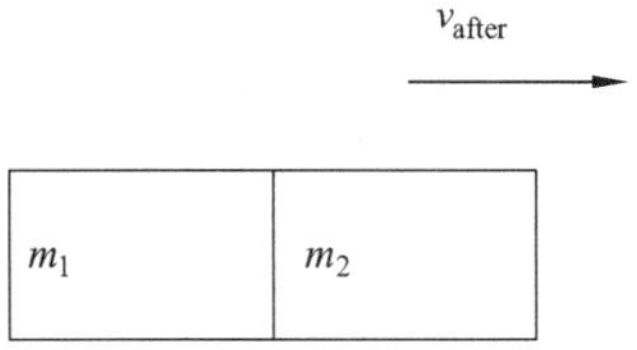

图 2.4.2　碰撞中两小车速度一致的时刻

（1）当碰撞发生之后，小车黏在一起作为一个整体移动，如图 2.4.2 所示：

整个系统在这段时间内每一点的动量都可由以下公式表示

$$P = m_1v_1 + m_2v_2 \tag{2.4.1}$$

m_1v_1 是第一辆小车的初速度与质量，m_2v_2 是第二辆小车的速度与质量。在碰撞后动量守恒，以下关系式成立

$$m_1v_1 + mv_2 = m_{after}v_{after} \tag{2.4.2}$$

这里 m_{after} 是两个小车的总质量，v_{after} 是两个小车黏在一起时的运动速度。

（2）当弹性碰撞发生时，动能转化为势能，然后弹回时势能转化为动能。在碰撞发生之后，一辆小车的所有动能传递给另一辆小车，表现为原来静止的小车获得速度远离另一辆速度已变为 0 的小车。速度为 0 时，情况如图 2.4.3 所示：

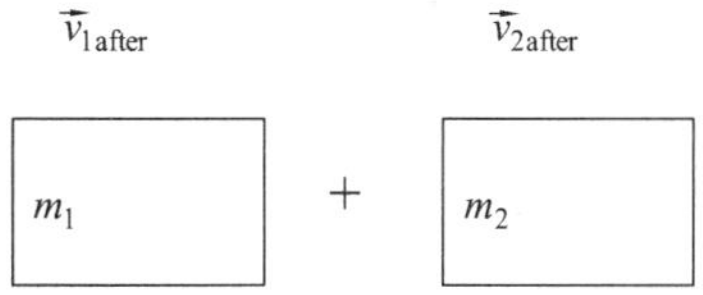

图 2.4.3　碰撞后的小车

系统在任意点的动量如下

$$P = m_1v_1 + m_2v_2$$

m_1v_1 是第一辆小车的动量，m_2v_2 是第二辆小车的动量。在碰撞前后动量守恒，以下关系式成立

$$m_1v_1 + m_2v_2 = m_{1after}v_{1after} + m_{2after}v_{2after} \tag{2.4.3}$$

这里 m_{1after} 和 m_{2after} 分别是两个小车碰撞后的质量，v_{1after} 和 v_{2after} 分别是两个小车碰撞后的瞬间运动速度。

四、实验内容及操作步骤

（1）调节导轨平衡。

（2）正确连接实验装置。

（3）设置相关参数。

① 创建实验。

双击桌面上此图标进入 DataStudio，如图 2.4.4 所示。

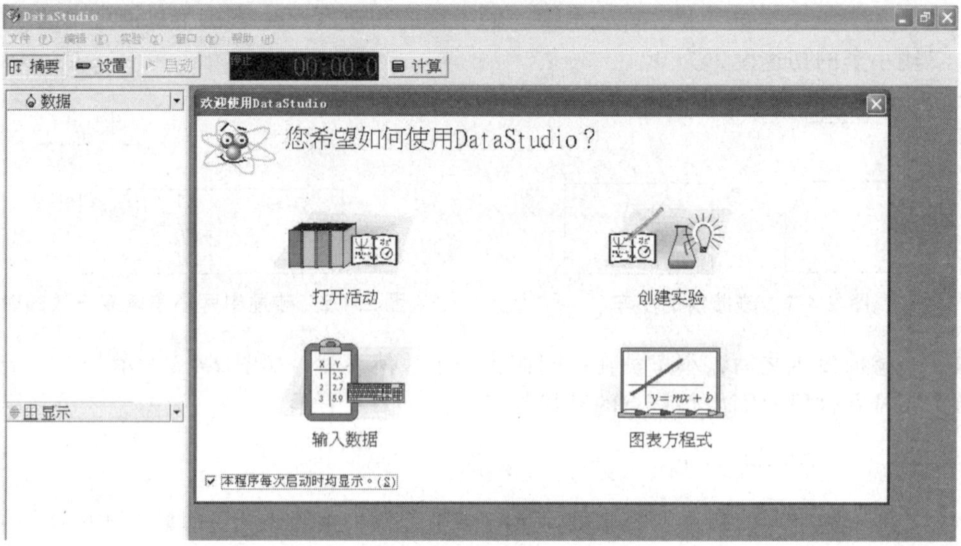

图 2.4.4

单击创建实验，如图 2.4.5 所示。

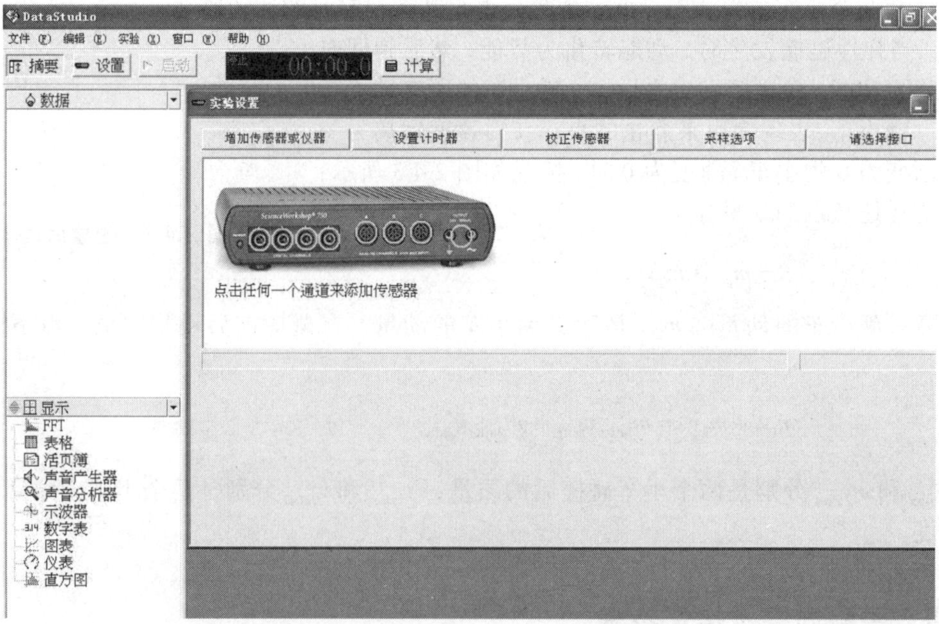

图 2.4.5

② 转动传感器参数设置。

单击任何一个通道来添加传感器，如图 2.4.6 所示，选择转动传感器。

图 2.4.6

在传感器属性窗口中点击加按钮可增加取样频率，减按扭则减少取样频率，此频率值建议设置为 20 Hz.。单击“测量”，去掉“角位置”，选择“速度”后的界面如图 2.4.7 和 2.4.8 所示。

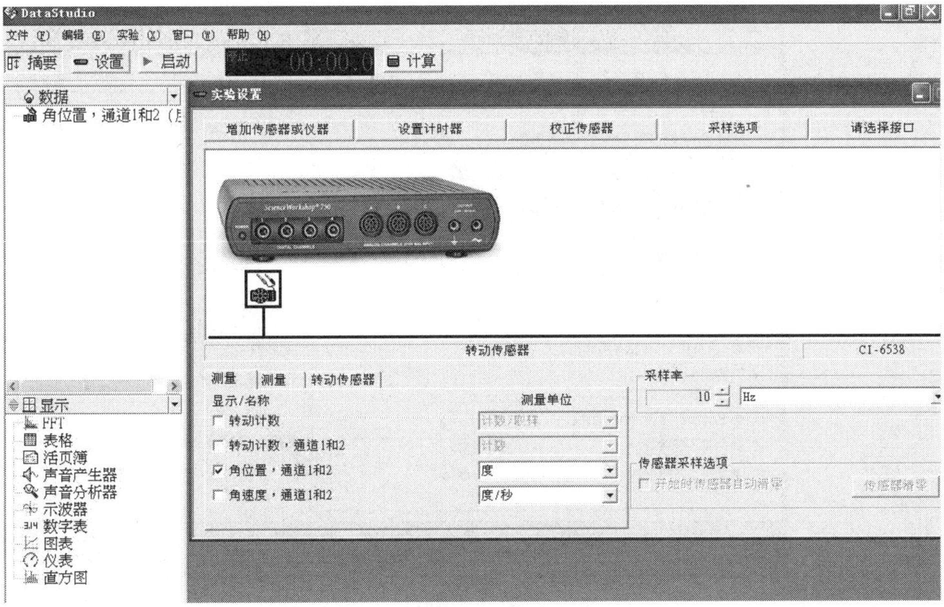

图 2.4.7

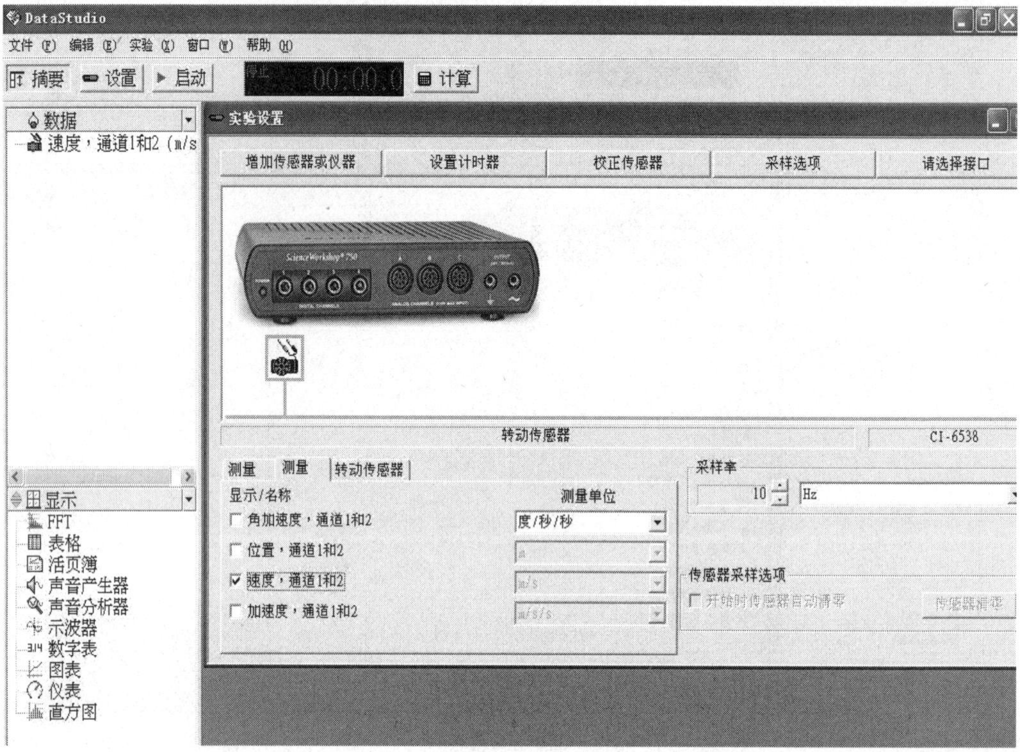

图 2.4.8

“线性刻度”取大滑轮（凹槽），设置后的窗口如图 2.4.9 所示。

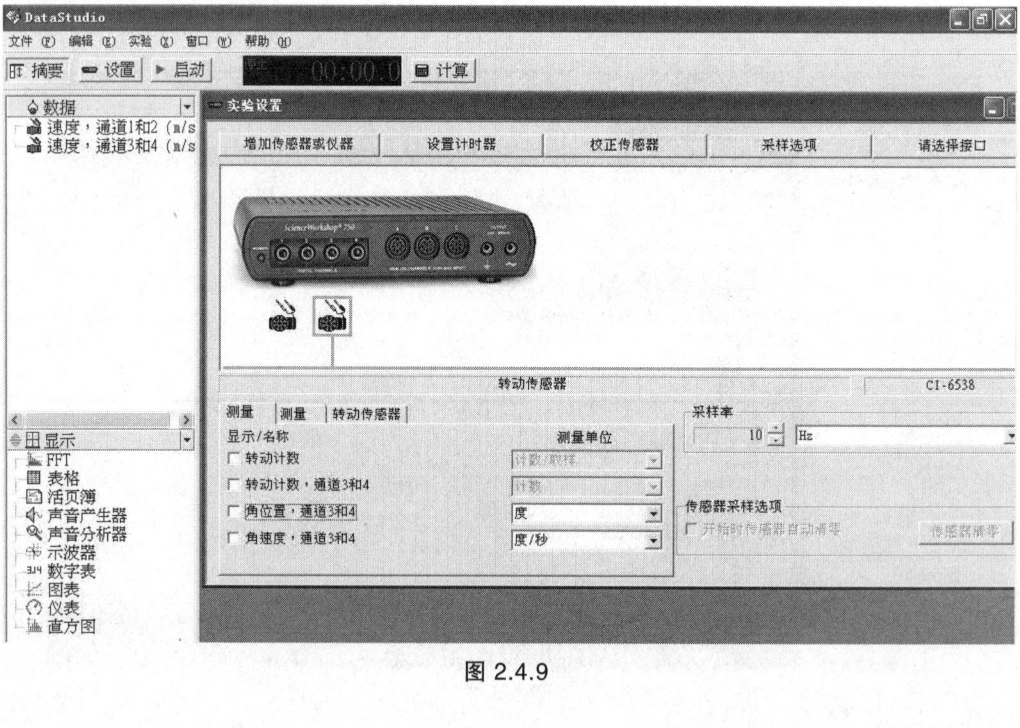

图 2.4.9

③ 编辑动量计算式 p = m×v。

在图 2.4.5 相同的窗口中单击计算按钮 计算，弹出如图 2.4.10 所示窗口。

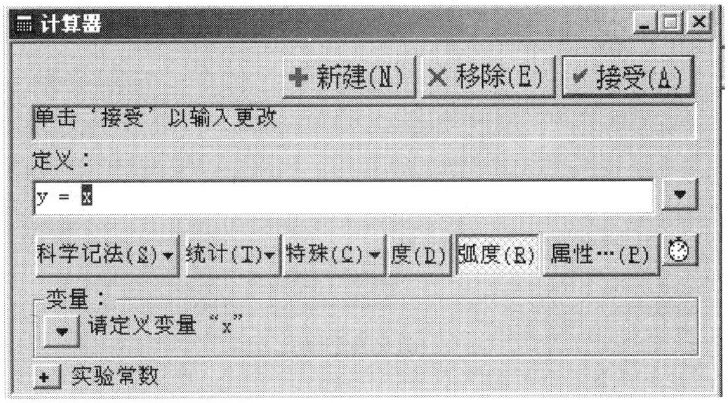

图 2.4.10

在定义编辑框中输入“p1 = m1*v1”，单击 接受(A) 后在变量栏中定义 m1 和 v1。m1 定义为常数为“0.5”，v1 定义为数据测量 速度，通道1和2 (m/s)，单击“确定”。

单击 属性…(P) 出现如图 2.4.11 所示窗口：变量名称设置为“p1”，单位设置为“kg·m/s”。

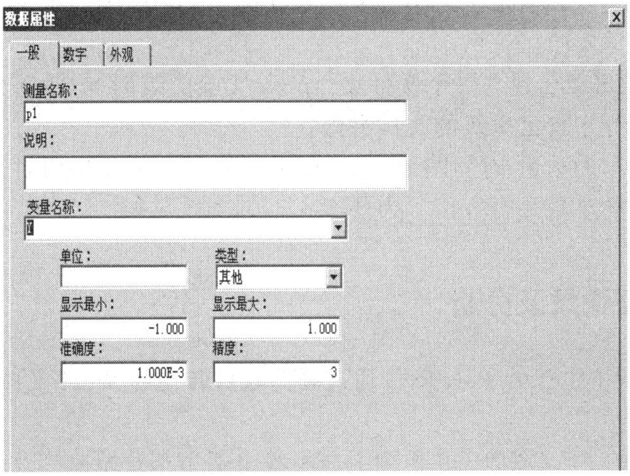

图 2.4.11

点击“确定”。

点击 新建(N) 在定义编辑框中输入“p2 = m2*v2”，单击 接受(A) 后在变量栏中定义 m2 和 v2。m2 定义为常数为“0.5”，v2 定义为数据测量速度，通道 3 和 4（m/s），单击“确定”。单击 属性…(P)：变量名称设置为“p2”，单位设置为“kg·m/s”，点击“确定”。关闭计算器。

④ 选择显示方式。

回到图 2.4.5 所示界面，双击显示下的 图表，弹出如图 2.4.12 所示窗口。

选择 p1 = m1*v1 单击确定，在数据栏中用鼠标左键按住 p2 = m2*v2 图标往图标 1 中拖拉，单击 启动 即可进行数据采集。数据采集完毕后按 停止 按钮停止数据采集。

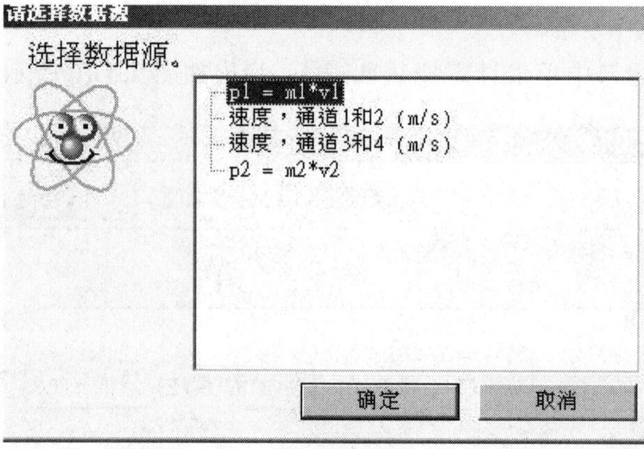

图 2.4.12

（4）进行实验。碰撞实验分为两大类：

① 弹性碰撞实验。两小车的初始速度都不为零或者只有一个小车的初始速度为零，做碰撞实验。

② 非弹性碰撞实验。两小车的初始速度都不为零或者只有一个小车的初始速度为零，碰撞后两小车成为一个整体共同运动，做碰撞实验。

分别改变小车的速度和质量（在小车上加入砝码，一个砝码的质量为 0.5 kg）重复弹性碰撞实验和非弹性碰撞实验。

（5）在 D 盘上以班级名建立一个文件夹，$p-t$ 实验曲线用 WORD 文档保存，文件名用自己的实名命名，保存于自己班级的文件夹内。

（6）打印出两小车的动量-时间图形（$p-t$ 图）。在图上标注出何时开始碰撞，何时碰撞结束，确定碰撞前后的动量是否守恒，为什么？

五、实验数据记录及分析

（1）将 Datestudio 中生成的 $P-t$ 图像通过画图软件转化成 Word 文档或截图保存在 Word 文档中。

（2）打印出自己的 $P-t$ 图像，并在图上分析找出两小车开始碰撞及碰撞结束时的时刻 t_1 和 t_2。

（3）在 $P-t$ 图像上分析找出碰撞开始时刻 t_1 两小车的初始动量 P_1 和 P_2 及碰撞结束时刻 t_2 两小车的末动量 P_1' 和 P_2'。

（4）通过计算分析两小车碰撞前后的动量是否守恒，即 P_1+P_2 与 $P_1'+P_2'$ 是否相等。

思 考 题

1. 什么是动量守恒定律？守恒的条件及对象是什么？

2. 举例说明动量守恒定律的应用有哪些？
3. 该实验针对的是哪个系统，实验的目的是什么？
4. 若要达到实验目的关键测量哪个物理量？

附 1　动量及动量守恒定律

动量是物理学中一个非常重要的物理量，在物理学中，动量是与物体的质量速度相关的物理量。在经典力学中，动量（国际单位制中的单位为 kg · m/s）是矢量，用符号 $\boldsymbol{p}$ 表示

$$\boldsymbol{p}=n\cdot\boldsymbol{v}$$

动量是一个守恒量，表示为在一个封闭系统（不受外力或外力矢量和为 0）内动量的总和不变。物体的机械运动都不是独立地发生的，它与周围物体间存在着相互作用，这种相互作用表现为运动物体与周围物体间发生着机械运动的传递（或转移）过程，动量正是从机械运动传递这个角度量度机械运动的物理量，这种传递是等量地进行的，物体 2 把多少机械运动（即动量）传递给物体 1，物体 2 将推动等量的动量，传递的结构是两者的总动量保持不变。

1. 动量守恒定律

动量守恒定律是最早发现的一条守恒定律，它起源于 16 ~ 17 世纪西欧的哲学家们对宇宙运动的哲学思考。观察周围运动着的物体，我们看到它们中的大多数，例如跳动的皮球、飞行的子弹、走动的时钟、运转的机器，都会停下来。看来宇宙间运动的总量似乎在减少。整个宇宙是不是也像一架机器那样，总有一天会停下来呢？但是，千百年来对天体运动的观测，并没有发现宇宙运动有减少的迹象。生活在 16 ~ 17 世纪的许多哲学家认为，宇宙间运动的总量是不会减少的，只要能找到一个合适的物理量来量度运动，就会看到运动的总量是守恒的。这个合适的物理量就是动量。

2. 动量守恒定律应用实例：反冲运动

1）反冲运动的特点

反冲运动和碰撞、爆炸有相似之处，相互作用力常为变力，且作用力大，一般都满足内力>>外力，所以反冲运动可用动量守恒定律来处理。

（1）反冲运动的问题中，有时遇到的速度是相作用的两物体间的相对速度，这时应将相对速度转化成对地的速度后，再列动量守恒的方程。

（2）在反冲运动中还常遇到变质量物体的运动，如火箭在运动过程中，随着燃料的消耗火箭本身的质量不断在减小，此时必须取火箭本身和在相互作用时的整个过程来进行研究。

2）反冲现象

系统在内力作用下，当一部分向某一方向的动量发生变化时，剩余部分沿相反方向的动量发生同样大小变化的现象，称为反冲现象。喷气式飞机、火箭等都是利用反冲运动的实例。若系统由两部分组成，且相互作用前总动量为零，一般为物体分离则有

$$mv + (M - m)v' = 0 \tag{1}$$

M 是火箭箭体质量，m 是燃气改变量（参考系的选择是箭体）。

3）火　箭

喷气式飞机和火箭的飞行应用了反冲的原理，它们都是靠喷出气流的反冲作用而获得巨大速度的。现代的喷气式飞机，靠连续不断地向后喷出气体，飞行速度能够超过 1 000 m/s。

质量为 m 的人在远离任何星体的太空中，与他旁边的飞船相对静止。由于没有力的作用，他与飞船总保持相对静止的状态。

根据动量守恒定律，火箭原来的动量为零，喷气后火箭与燃气的总动量仍然应该是零，即

$$m\Delta v + \Delta mu = 0\text{，解出}\Delta v = -\Delta mu/m \tag{2}$$

式（2）表明，火箭喷出的燃气的速度越大、火箭喷出物质的质量与火箭本身质量之比越大，火箭获得的速度越大。现代火箭喷气的速度在 2 000 ~ 4 000 m/s，近期内难以大幅度提高，因此要在减轻火箭本身质量上面下工夫。火箭起飞时的质量与火箭除燃料外的箭体质量之比叫做火箭的质量比，这个参数一般小于 10，否则火箭结构的强度就成了问题。但是，这样的火箭还是达不到发射人造地球卫星的 7.9 km/s 的速度。

为了解决这个问题，苏联科学家齐奥尔科夫斯基提出了多级火箭的概念。把火箭一级一级地接在一起，第一级燃料用完之后就把箭体抛弃，减轻负担，然后第二级开始工作，这样一级一级地连起来，理论上火箭的速度可以提得很高。但是实际应用中一般不会超过 4 级，因为级数太多时，连接机构和控制机构的质量会增加得很多，工作的可靠性也会降低。

附 2　传感器

1. 简　介

传感器是实验测量获取信息的重要环节，通常传感器是指一个完整的测量系统或装置，它能感受规定的被测量并按一定规律转换成输出信号，传感器给出的信号是电信号，而它感受的信号不必是电信号，因此这种转换在非电量的电测法中应用极为广泛。

目前，传感器技术发展极为迅速，已经逐渐成为一门新的学科，其应用领域十分广泛，如现代飞行技术、计算机技术、工业自动化技术以及基础研究等，传感技术已成为现代信息技术的三大基础之一。

（1）定义：能感受规定的被测量并按照一定的规律转换成可用信号的器件或装置，通常由敏感元件和转换元件组成。

（2）作用：传感器是一种检测装置，能感受到被测量的信息，并能将检测感受到的信息，按一定规律变换成为电信号或其他所需形式的信息输出，以满足信息的传输、处理、存储、显示、记录和控制等要求。它是实现自动检测和自动控制的首要环节。简而言之就是把非电量转化成电信号成为有用的输出。

2. 传感器的构成

（1）敏感元件：是指传感器中能直接感受或响应被测量的部分。

（2）转换元件：是指传感器中能将敏感元件感受或响应到的量转换成电信号的部分。

待测物理量 → 敏感元件 → 转换元件和测量电路 → 输出电信号

3. 传感器的种类

（1）物理型：利用某些材料本身所具有的内在特性或以传感器结构为基础，如光敏电阻。
（2）化学型：利用化学物质的成分、浓度等信息转换为电信号。
（3）生物型：利用生物活性物质选择性识别，是近年来发展很快的传感器。

4. 传感器的一般特性

传感器的特性是指输出信号与输入物理量之间的关系。理想情况

$$Y = ax$$

式中，a 为灵敏度系数。

$$Y = a_0 + a_1x + a_2x^2 + \cdots + a_nx^n$$

零点输出（a_0）　理论灵敏度（a_1x）　非线性系数（a_2x^2、a_nx^n）

5. 传感器的应用

传感器是电子技术的核心元件，其种类很多，包括温度传感器、压力传感器、位置和转速传感器、流量传感器、气体浓度传感器和爆震传感器等。

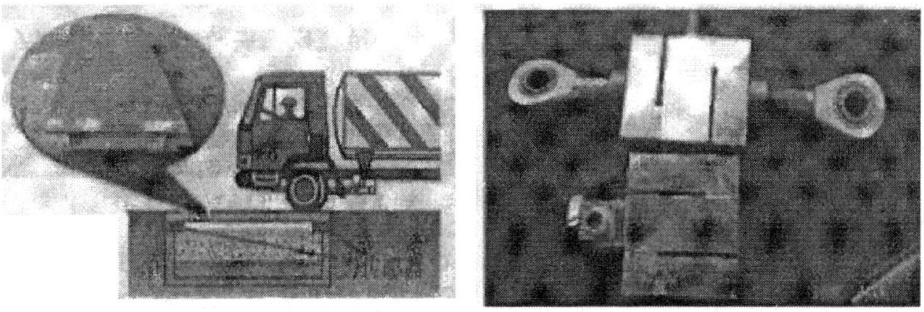

电子秤

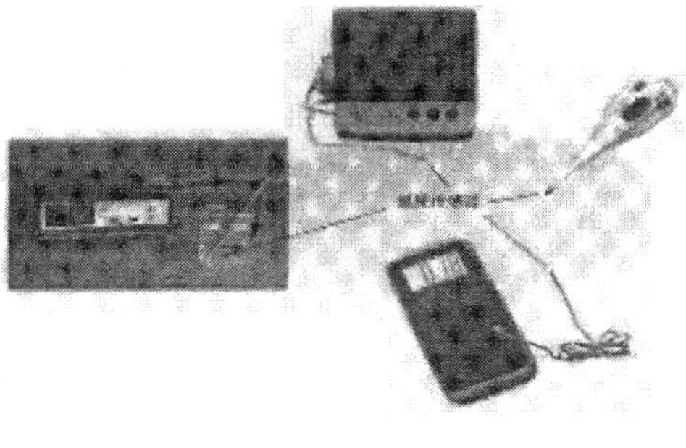

测温仪

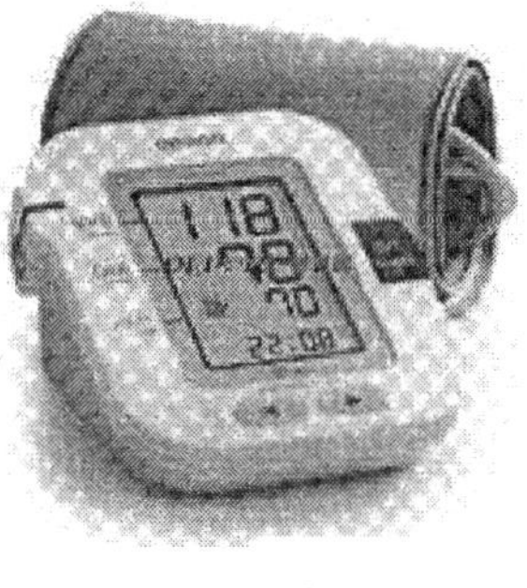

血压计

纺织设备专用位移传感器

拉绳/拉线位移传感器

角度/角度位移传感器

能控制动作的传感器

思考题

1. 什么是传感器，其主要作用是什么？

2. 举例说明传感器在日常生活中的应用有哪些？

3. 实验室还可以提供力传感器、速度传感器、加速度传感器、弹簧、量角器等实验器材，利用这些实验器材我们还可以设计哪些物理实验？

实验五　刚体转动惯量的测定

转动惯量是刚体转动中惯性大小的量度。它取决于刚体的总质量、质量分布、形状大小和转轴位置。对于形状简单、质量均匀分布的刚体，可以通过数学方法计算出它绕特定转轴的转动惯量，但对于形状比较复杂，或质量分布不均匀的刚体，用数学方法计算其转动惯量是非常困难的，因而大多采用实验方法来测定。

转动惯量的测定，在涉及刚体转动的机电制造、航空、航天、航海、军工等工程技术和科学研究中具有十分重要的意义。测定转动惯量常采用扭摆法或恒力矩转动法，本实验采用恒力矩转动法测定转动惯量。

一、实验目的

（1）学习用恒力矩转动法测定刚体转动惯量的原理和方法。

（2）观测刚体的转动惯量随其质量、质量分布及转轴不同而改变的情况。

（3）学会使用通用电脑计时器测量时间。

二、实验仪器

ZKY-ZS 转动惯量实验仪，ZKY-J1 通用电脑计时器。

三、实验原理

1. 恒力矩转动法测定转动惯量的原理

根据刚体的定轴转动定律

$$M = J\beta \tag{2.5.1}$$

只要测定刚体转动时所受的总合外力矩 M 及该力矩作用下刚体转动的角加速度 β，则可计算出该刚体的转动惯量 J。

设以某初始角速度转动的空实验台转动惯量为 J_1，未加砝码时，在摩擦阻力矩 M_μ 的作用下，实验台将以角加速度 β_1 作匀减速运动，即

$$-M_\mu = J_1\beta_1 \tag{2.5.2}$$

将质量为 m 的砝码用细线绕在半径为 R 的实验台塔轮上，并让砝码下落，系统在恒外力作用下将作匀加速运动。若砝码的加速度为 a，则细线所受张力为 $T = m(g-a)$。若此时实验台的角加速度为 β_2，则有 $a = R\beta_2$。细线施加给实验台的力矩为 $TR = m(g-R\beta_2)R$，此时有

$$m(g-R\beta_2)R - M_\mu = J_1\beta_2 \tag{2.5.3}$$

将（2.5.2）、（2.5.3）两式联立消去 M_μ 后，可得

$$J_1 = \frac{mR(g-R\beta_2)}{\beta_2-\beta_1} \tag{2.5.4}$$

同理，若在实验台上加上被测物体后系统的转动惯量为 J_2，加砝码前后的角加速度分别为 β_3 与 β_4，则有

$$J_2 = \frac{mR(g-R\beta_4)}{\beta_4-\beta_3} \tag{2.5.5}$$

由转动惯量的叠加原理可知，被测试件的转动惯量 J_3 为

$$J_3 = J_2 - J_1 \tag{2.5.6}$$

测得 R、m 及 β_1、β_2、β_3、β_4，由（2.5.4），（2.5.5），（2.5.6）式即可计算被测试件的转动惯量。

2. β 的测量

实验中采用 ZKY-J1 通用电脑计时器记录遮挡次数和相应的时间。固定在载物台圆周边缘相差 π 角的两遮光细棒，每转动半圈遮挡一次固定在底座上的光电门，即产生一个计数光电脉冲，计数器计下遮挡次数 k 和相应的时间 t。若从第一次挡光（$k=0$，$t=0$）开始计次、计时，且初始角速度为 ω_0，则对于匀变速运动中测量得到的任意两组数据（k_m，t_m）、（k_n，t_n），相应的角位移 θ_m、θ_n 分别为

$$\theta_m = k_m \pi = \omega_0 t_m + \frac{1}{2}\beta t_m^2 \tag{2.5.7}$$

$$\theta_n = k_n \pi = \omega_0 t_n + \frac{1}{2}\beta t_n^2 \tag{2.5.8}$$

从（2.5.7）、（2.5.8）两式中消去 ω_0，可得

$$\beta = \frac{2\pi(k_n t_m - k_m t_n)}{t_n^2 t_m - t_m^2 t_n} \tag{2.5.9}$$

由（2.5.9）式即可计算角加速度 β。

四、实验仪器介绍

1. ZKY-ZS 转动惯量实验仪

转动惯量实验仪如图 2.5.1 所示，绕线塔轮通过特制的轴承安装在主轴上，使转动时的摩擦力矩很小。塔轮半径为 15 mm，20 mm，25 mm，30 mm，35 mm 共 5 挡，可与大约 5 g 的砝码托及 1 个 5 g，4 个 10 g 的砝码组合，产生大小不同的力矩。载物台用螺钉与塔轮连接在一起，随塔轮转动。随仪器配的被测试样有 1 个圆盘，1 个圆环，两个圆柱。铝制小滑轮的转动惯量与实验台相比可忽略不计。2 只光电门 1 只作测量，1 只作备用，可通过电脑计时器上的按钮方便地切换。

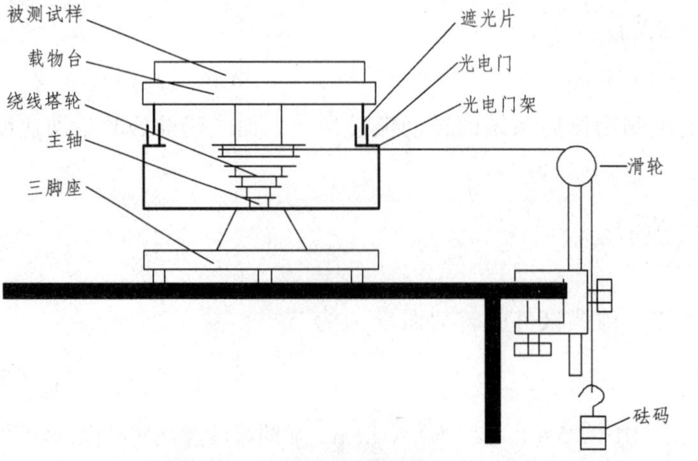

图 2.5.1　转动惯量实验仪

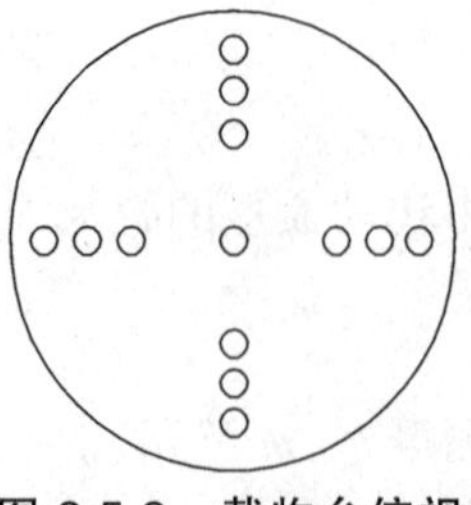

图 2.5.2　载物台俯视图

2. ZKY-J1 通用电脑计时器

通用电脑计时器操作面板如图 2.5.3 所示。测量时左边计数显示器显示最新记录的记数次数，右边计时显示器显示相应的时间。计时范围为 0 ~ 999.999 s，计时误差 < 0.000 5 s。

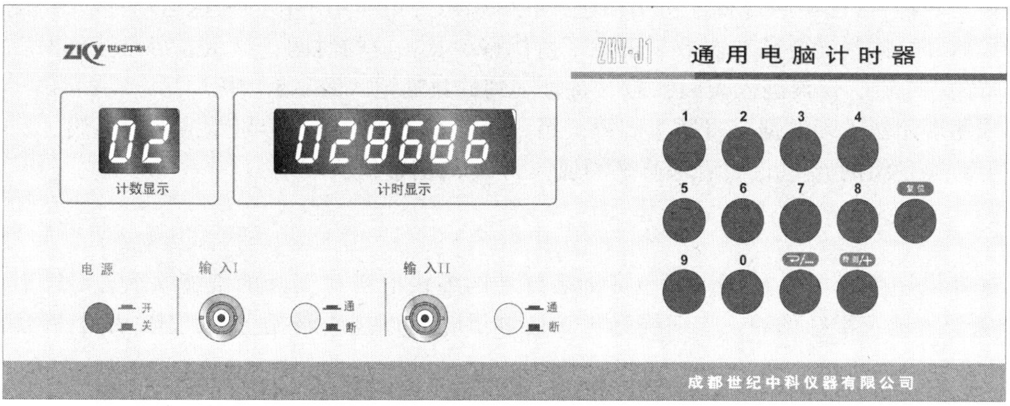

图 2.5.3 通用电脑计时器面板图

开机时或按“复位”键后，进入设置状态。计时显示器显示系统默认值 01-80。01 表明 1 个光电脉冲记数 1 次，其值可在 01 ~ 99 间修改；80 表明共记录 80 组数据，其值可在 01 ~ 80 间修改。对于闪烁的数码显示位，直接用面板右边的数字键输入数字，即可修改此位。修改后或按下“↵/—”键，下一显示位闪烁，再输入数字即可进行新的修改。

如无须对默认值进行修改或已修改完毕，按“待测/+”键进入工作等待状态，计时显示器显示------。待输入第一个光电脉冲后进入工作状态，开始计时和计数。测量完设定的记录组数后，计时显示器显示为-CLOSE，测量结束并暂存所有已记录的数据。

测量结束后或测量过程中按除“复位”以外的任意键，都将进入数据查阅状态。其中按“待测/+”键显示记录的第 1 组数据，再次按“待测/+”键将依次显示后续数据；按“↵/—”键显示最后 1 组数据，若是在测量过程中终止测量进入查阅状态，尚未记录的时间都将为零；直接用数字键输入记数次数 k_m，则显示相应的时间 t_m。查阅结束后或在任何状态下按“复位”键，都将清除所有数据重新进入设置状态，可开始新的设置及测量。

五、实验内容及步骤

1. 实验准备

在桌面上放置 ZKY-ZS 转动惯量实验仪，并利用基座上的三颗调平螺钉，将仪器调平。将滑轮支架固定在实验台面边缘，调整滑轮高度及方位，使滑轮槽与选取的绕线塔轮槽等高，且其方位相互垂直，如图 2.5.1 所示。

通用电脑计时器上 2 路光电门的开关应 1 路接通，另 1 路断开作备用。当用于本实验时，建议设置 1 个光电脉冲记数 1 次（若非这样，（2.5.9）式中的系数要相应改变），1 次测量记录大约 8 组数据（砝码下落距离有限）。

2. 测量并计算实验台的转动惯量 J_1

1）测量 β_1

接通电脑计时器电源开关（或按“复位”键），进入设置状态，不用改变默认值；用手拨动载物台，使实验台有一初始转速并在摩擦阻力矩作用下作匀减速运动；按“待测/+”键后仪器开始测量光电脉冲次数（正比于角位移）及相应的时间；显示 8 组测量数据后再次按“待测/+”键，仪器进入查阅状态，将查阅到的数据记入表 2.5.1 中。

采用逐差法处理数据，将第 1 和第 5 组，第 2 和第 6 组……分别组成 4 组，用（2.5.9）式计算对应各组的 β_1 值，然后求其平均值作为 β_1 的测量值。

2）测量 β_2

选择塔轮半径 R 及砝码质量，将 1 端打结的细线沿塔轮上开的细缝塞入，并且不重叠地密绕于所选定半径的轮上，细线另 1 端通过滑轮后连接砝码托上的挂钩，用手将载物台稳住；

按“复位”键，进入设置状态后再按“待测/+”键，使计时器进入工作等待状态；

释放载物台，砝码重力产生的恒力矩使实验台产生匀加速转动；

电脑计时器记录 8 组数据后停止测量。查阅、记录数据于表 2.5.1 中并计算 β_2 的测量值。

由（2.5.4）式即可算出 J_1 的值。

3. 测量实验台放上圆环后的转动惯量 J_2，并与理论值比较

将待测圆环放上载物台并使试样几何中心轴与转轴中心重合，按与测量 J_1 同样的方法可分别测量匀减速转动时的角加速度 β_3 与匀加速转动时的角加速度 β_4。由（2.5.5）式可计算 J_2 的值，则圆环的转动惯量为 $J_{圆环} = J_2 - J_1$。

圆环的转动惯量理论值为（$R_{外} = 120$ mm，$R_{内} = 105$ mm，$m_{圆环} = 479$ g）

$$J = \frac{m}{2}(R_{外}^2 + R_{内}^2)$$

相对误差　$$E = \frac{J_{圆环} - J}{J} \times 100\%$$

4. 测量实验台放上圆盘的转动惯量 J_3，并与理论值比较

将待测圆盘放在实验台上，分别测出匀减速转动时的角加速度 β_5 与匀加速转动时的角加速度 β_6，计算出 J_3. 则圆盘的转动惯量为 $J_{圆盘} = J_3 - J_1$。

圆盘的转动惯量理论值为（$R = 120$ mm，$m_{圆盘} = 459$ g）

$$J' = \frac{1}{2} m R^2$$

相对误差　$$E = \frac{J_{圆盘} - J'}{J'} \times 100\%$$

六、数据记录表格与测量计算实例

表 2.5.1　测量实验台的角加速度

匀减速						匀加速　$R_{塔轮}=25$ mm　$m_{砝码}=53.5$ g					
k	1	2	3	4	平均	k	1	2	3	4	平均
t (s)						t (s)					
k	5	6	7	8		k	5	6	7	8	
t (s)						t (s)					
β_1 ($1/s^2$)						β_2 ($1/s^2$)					

实验台的转动惯量 $J_1=$　　　　　　($kg \cdot m^2$)

表 2.5.2　测量实验台加圆环试样后的角加速度

$R_{外}=120$ mm，$R_{内}=105$ mm，$m_{圆环}=479$ g

匀减速						匀加速　$R_{塔轮}$=25mm　$m_{砝码}$= 53.5g					
k	1	2	3	4	平均	k	1	2	3	4	平均
t (s)						t (s)					
k	5	6	7	8		k	5	6	7	8	
t (s)						t (s)					
β_3 ($1/s^2$)						β_4 ($1/s^2$)					

实验台放上圆环后的转动惯量 $J_2=$　　　　　　($kg \cdot m^2$)
圆环的转动惯量 $J_{圆环}=J_2-J_1=$　　　　　　($kg \cdot m^2$)

表 2.5.3　测量实验台加圆盘试样后的角加速度

$R=120$ mm，$m_{圆盘}=459$ g

匀减速						匀加速　$R_{塔轮}$ = 25mm　$m_{砝码}$ = 53.5g					
k	1	2	3	4	平均	k	1	2	3	4	平均
t (s)						t (s)					
k	5	6	7	8		k	5	6	7	8	
t (s)						t (s)					
β_3 ($1/s^2$)						β_4 ($1/s^2$)					

实验台放上圆盘后的转动惯量 $J_3=$　　　　　　($kg \cdot m^2$)
圆盘的转动惯量 $J_{圆盘}=J_3-J_1=$　　　　　　($kg \cdot m^2$)

七、说　明

（1）试样的转动惯量是根据公式 $J_3=J_2-J_1$ 间接测量而得，由标准误差的传递公式有 $\Delta J_3=(\Delta J_2^2+\Delta J_1^2)^{1/2}$。当试样的转动惯量远小于实验台的转动惯量时，误差的传递可能使测量的相对误差增大。

（2）理论上，同一待测样品的转动惯量不随转动力矩的变化而变化。改变塔轮半径或砝码质量（5 个塔轮，5 个砝码）可得到 25 种组合，形成不同的力矩。可改变实验条件进行测量并对数据进行分析，探索其规律，寻求发生误差的原因，探索测量的最佳条件。

思 考 题

刚体的转动惯量与哪些因素有关？一个刚体的转动惯量是固定的吗？

实验六　用拉伸法测金属丝的杨氏模量

固体在外力作用下都将发生形变，杨氏模量就是描述固体材料抵抗形变能力大小的物理量，该量是工程技术中常用的重要参数。本实验采用拉伸法，利用光杠杆放大原理装置来测量金属丝的杨氏模量。

一、实验目的

（1）用拉伸法测定金属丝的杨氏模量。

（2）掌握光杠杆原理及使用方法。

（3）学会用逐差法处理实验数据。

二、实验仪器

杨氏模量装置仪（包括光杠杆、砝码等）、米尺、游标尺、千分尺等。

三、实验原理

在外力作用下，固体所发生的形状变化称为形变。形变可分为弹性和范性形变两种类型。外力撤出后物体能完全恢复原状的形变，称为弹性形变。如果加在物体上的外力过大，以致外力撤出后，物体不能完全恢复原状，而留下剩余形变，就称之为范性形变。本实验只涉及弹性形变。在固体的弹性范围内，产生一定的形变所需应力与相对形变之比称为弹性模量。如果物体是柱形或条形，则（由拉力或压力所导致）沿纵向的弹性模量就称为杨氏弹性模量，简称杨氏模量。

若一根金属丝原长为 L，横截面面积为 S，沿其长度方向受拉力 F 作用下伸长量为 ΔL，根据胡克定律，在弹性限度内，应力 $\frac{F}{S}$ 与应变 $\frac{\Delta L}{L}$ 成正比，即

$$\frac{F}{S}=Y\frac{\Delta L}{L} \tag{2.6.1}$$

式中比例系数 Y 称之为杨氏模量，它的大小仅取决于材料的性质。上式可写为

$$Y=\frac{F}{S}.\frac{L}{\Delta L}=\frac{4FL}{\pi d^2\Delta L} \tag{2.6.2}$$

(2.6.2)式中的 d 为钢丝的直径。伸长量 ΔL 多为微小量，不能用一般的长度仪器测量。在本实验中采用光杠杆放大法对之作较准确的测量。

用光杠杆法测定金属丝的杨氏模量的实验装置如图 2.6.1 所示。

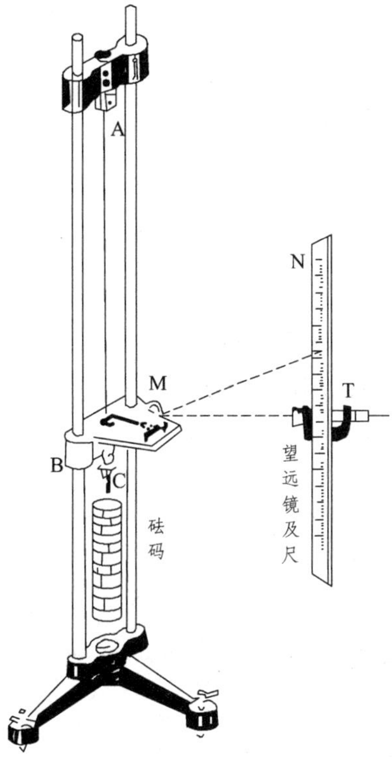

图 2.6.1

待测金属丝的上端固定在钢梁 A 上，下端连接圆柱夹头 C，圆柱体 C 穿过 1 个固定平台 B 的圆孔，能随金属丝的伸缩而上下移动。光杠杆 M（平面反射镜）下方的两平行的尖足置于平台的沟槽内，长为 l 的前足尖放在圆柱体 C 的上端面上。调节支架底座 3 个地脚螺钉，可使钢丝铅直。圆柱体 C 的下端挂有砝码挂钩，当砝码挂钩上增加（或减少）砝码时，钢丝将伸长（或缩短）ΔL，光杠杆的后足也随圆柱体 C 下降（或上升），从而使光杠杆镜面转过 θ 角，如图 2.6.2 所示。

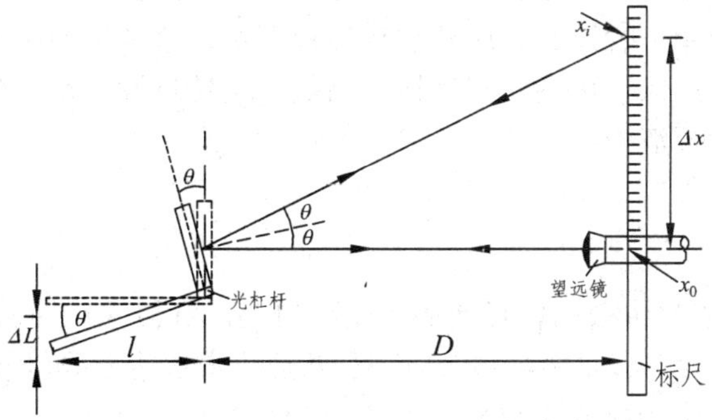

图 2.6.2

由三角函数理论可知，在 θ 很小时有 $\tan\theta \approx \theta$ 、$\tan 2\theta \approx 2\theta$，于是根据图示几何关系可得

$$\tan\theta \approx \theta = \frac{\Delta L}{l} \tag{2.6.3}$$

$$\tan 2\theta \approx 2\theta = \frac{\Delta x}{D} \tag{2.6.4}$$

由（2.6.3）、（2.6.4）两式消去 θ 可得

$$\Delta L = \frac{l}{2D} \cdot \Delta x \tag{2.6.5}$$

（2.6.5）式中的比例系数 $2D/l$ 又称光杠杆的放大倍数。光杠杆的作用就是将微小的长度变化量 ΔL 放大为标尺上的相应位移 Δx。

将（2.6.5）式代入（2.6.2）式有

$$Y = \frac{8FLD}{\pi d^2 l \Delta x} \tag{2.6.6}$$

对于（2.6.6）式中各量，可分别用米尺、千分尺、游标尺及杨氏模量装置仪测得。

四、实验内容

1. 调整实验装置

调节支架底脚螺丝，观察载物台上水平仪，使平台水平；挂 1 ~ 2 个砝码，拉直钢丝；放置好光杠杆，两前足尖放在平台的沟槽内，后脚尖放在圆柱夹头上，使镜面竖直。

2. 望远镜调焦

目视粗调，即望远镜水平等高地对准平面镜，眼睛通过镜筒上方的准星直接观察平面镜，看镜面中是否有标尺的像。若没有，应移动望远镜基座，直到镜面中心看到标尺的像为止。若在目镜中还看不到标尺像，可调节望远镜的高低。旋转目镜，使叉丝清晰；转动镜筒右侧的调节旋钮，使标尺读数清晰。

3. 测　量

（1）Δx 的测定。依次将砝码轻轻地加于砝码勾上，每加 1 kg 砝码，记录一次望远镜中相应的读数 x_i 其中 $i = 1$、2、3、4、5、6、7。然后再依次将砝码轻轻取下，记下每取 1 kg 砝码，记录一次望远镜中相应的读数 x_i。

	不同拉力 F(kg)	标尺读数			$F=4$ kg $\Delta x_i=\overline{x}_{i+4}-\overline{x}_i$ (cm)	$\Delta(\Delta x_i)$(cm)
		F（增加砝码）x_i (cm)	F（减少砝码）x_i' (cm)	$\overline{x}_i=\dfrac{x_i+x_i'}{2}$ (cm)		
0	M+0					
1	M+1					
2	M+2					
3	M+3					
4	M+4					
5	M+5					
6	M+6					
7	M+7					

（2）用螺旋测微计测量钢丝直径 d，在钢丝的不同部位进行多次测量。其测量结果用公式 $d=\overline{d}\pm\overline{\Delta d}$ 表示。

测量次数	1	2	3	4	5	$\overline{d}$	$\overline{\Delta d}$
d							
Δd							

（3）将光杠杆取下放在纸上，压出三个足印，画出后足到前两足痕的连线的垂线。用游标卡尺测量出垂足距离，单次测量。测量结果为 $l=\overline{l}\pm\overline{\Delta l}$。

（4）用卷尺测量光杠杆镜面到标尺的距离 D，单次测量。测量结果为 $D=\overline{D}\pm\overline{\Delta D}$。

（5）用卷尺测量钢丝的原始长度 L，单次测量。测量结果为 $L=\overline{L}\pm\overline{\Delta L}$。

五、数据处理

（1）用逐差法计算钢丝伸长量 Δx 的平均值 $\overline{\Delta x}=\dfrac{1}{4}(\Delta x_1+\Delta x_2+\Delta x_3+\Delta x_4)$ 以及绝对误差 $\overline{\Delta(\overline{\Delta x})}=\dfrac{1}{4}[\Delta(\Delta x_1)+\Delta(\Delta x_2)+\Delta(\Delta x_3)+\Delta(\Delta x_4)]$，并写出测量结果表达式 $\Delta x=\overline{\Delta x}+\overline{\Delta(\overline{\Delta x})}$。

（2）根据公式 $Y=\dfrac{8LD}{\pi d^2 l}\cdot\dfrac{F}{\Delta x}$，计算钢丝的杨氏模量，并写出测量结果 $Y=\overline{Y}\pm\overline{\Delta Y}$。杨氏模量的平均值 $\overline{Y}=\dfrac{8\overline{LD}}{\pi \overline{l^2}\,\overline{l}}\cdot\dfrac{\overline{F}}{\overline{\Delta x}}$，为了计算 Y 的绝对误差，需要先计算 Y 的相对误差 δ_Y，

$$\delta_Y = \frac{\overline{\Delta L}}{\overline{L}} + \frac{\overline{\Delta D}}{\overline{D}} + \frac{\overline{\Delta l}}{\overline{l}} + 2\frac{\overline{\Delta d}}{\overline{d}} + \frac{\overline{\Delta(\overline{\Delta x})}}{\overline{\Delta x}}$$

杨氏模量的绝对误差 $\overline{\Delta Y} = \overline{Y} \cdot \delta_Y$。

思 考 题

1. 本实验的各个长度量为什么要使用不同的测量仪器？
2. 材料相同，但粗细、长度不同的两根金属丝，它们的杨氏模量是否相同？
3. 光杠杆利用什么原理测量长度的微小变化？如何提高它的灵敏度？
4. 逐差法处理数据的优点是什么？什么样的数据才能用逐差法处理？

实验七　电表的改装与校准

一、实验目的

（1）了解磁电式电表的基本结构。
（2）掌握电表扩大量程的方法。
（3）掌握电表的校准方法。

二、实验仪器

待改装的表头 100 μA；标准表 200 μA、5 mA、1.5 V；电阻箱；滑线变阻器；电位器；导线；直流稳压电源等。

三、实验原理

电流计（表头）一般只能测量很小的电流和电压，如果要用它来测量较大的电流或电压，就必须进行改装，扩大其量程。

1. 将电流计改装为安培表

电流计的指针偏转到满刻度时所需要的电流 I_g 称为表头量程。这个电流越小，表头灵敏度越高。表头线圈的电阻 R_g 称为表头内阻。表头能通过的电流很小，要将它改装成能测量大电流的电表，必须扩大它的量程，方法是在表头两端并联一分流电阻 R_S，如图 2.7.1 所示。

这样就能使表头不能承受的那部分电流流经分流电阻 R_S，而表头的电流仍在原来许可的范围之内。

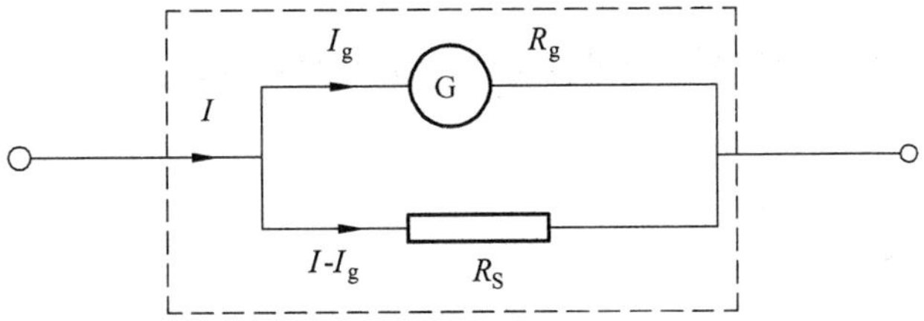

图 2.7.1　电流表并联一个分流电阻制成大量程的电流表

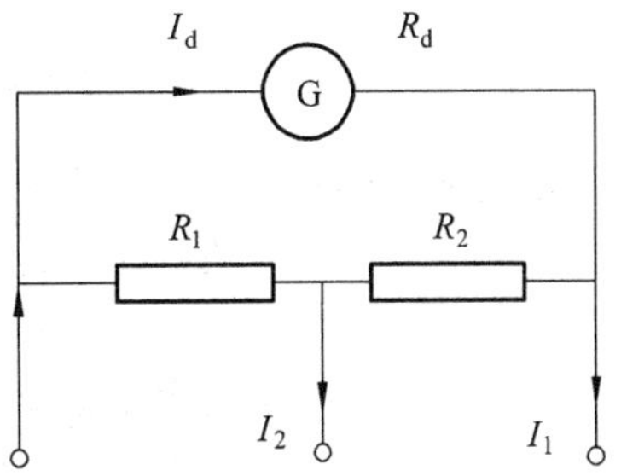

图 2.7.2　电流表并联多个分压电阻制成多量程电流表

设表头改装后的量程为 I，由欧姆定律得

$$(I-I_g)R_S = I_g R_g \tag{2.7.1}$$

$$R_S = \frac{I_g R_g}{I-I_g} = \frac{R_g}{\dfrac{I}{I_g}-1} \tag{2.7.2}$$

式中 I/I_g 表示改装后电流表扩大量程的倍数，可用 n 表示，则有

$$R_S = \frac{R_g}{n-1} \tag{2.7.3}$$

可见，将表头的量程扩大 n 倍，只要在该表头上并联一个阻值为 $R_g/(n-1)$的分流电阻 R_S 即可。

在电流计上并联不同阻值的分流电阻，便可制成多量程的安培表，如图 2.7.2 所示。同理可得

$$\begin{cases}(I_1-I_g)\cdot(R_1+R_2)=I_g R_g \\ (I_2-I_g)R_1 = I_g(R_g+R_2)\end{cases}$$

则

$$R_1 = \frac{I_g R_g I_1}{I_2(I_1-I_g)}，\quad R_2 = \frac{I_g R_g (I_2-I_1)}{I_2(I_1-I_g)} \tag{2.7.4}$$

2. 将电流计改装为伏特表

电流计本身能测量的电压 U_g 是很低的。为了能测量较高的电压，可在电流计上串联一个扩程电阻 R_0，如图 2.7.3 所示，这时电流计不能承受的那部分电压将降落在扩程电阻上，而电流计上仍降落原来的量值 U_g。

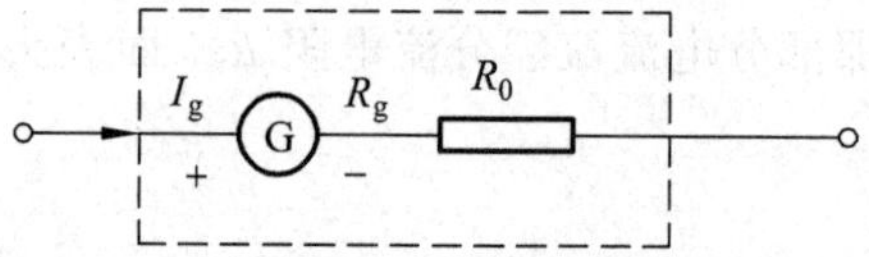

图 2.7.3　电流表串联一个分压电阻制成电压表

设电流计的量程为 I_g，内阻为 R_g，改装成伏特表的量程为 U，由欧姆定律得到

$$I_g(R_g + R_p) = U$$

$$R_p = \frac{U}{I_g} - R_g = \left(\frac{U}{U_g} - 1\right)R_g$$

式中，U/U_g 表示改装后电压表扩大量程的倍数，可用 m 表示，则有

$$R_p = (m-1)R_g \tag{2.7.5}$$

可见，要将表头测量的电压扩大 m 倍时，只要在该表头上串联阻值为（m-1）R_g 的分压电阻就可以了。在电流计上串联不同阻值的扩程电阻，便可制成多量程的电压表，如图 2.7.4 所示。同理可得

$$I_g(R_g + R_1) = U_1$$

$$R_1 = \frac{U_1}{R_g} - R_g$$

$$I_g(R_g + R_1 + R_2) = U_2$$

$$R_2 = \frac{U_2}{I_g} - R_g - R_1$$

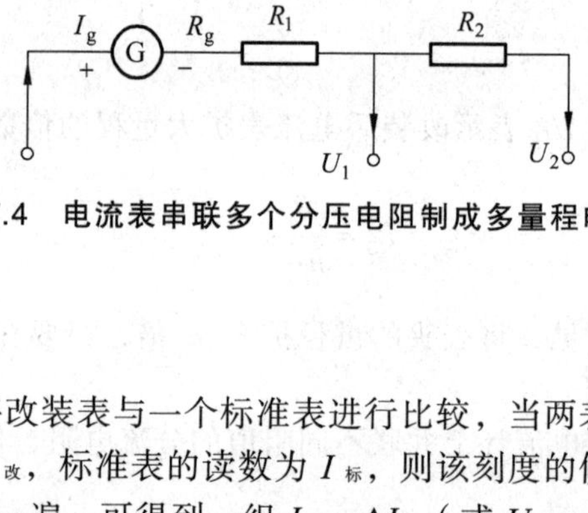

图 2.7.4　电流表串联多个分压电阻制成多量程电压表

3. 电表的校准

电表扩程后要经过校准方可使用。方法是将改装表与一个标准表进行比较，当两表通过相同的电流（或电压）时，若待校表的读数为 $I_{改}$，标准表的读数为 $I_{标}$，则该刻度的修正值为 $\Delta I_{改} = I_{标} - I_{改}$。将该量程中的各个刻度都校准一遍，可得到一组 $I_{改}$、$\Delta I_{改}$（或 $U_{改}$、$\Delta U_{改}$）值，将相邻两点用直线连接，整个图形呈折线状，即得到 $I_{改} \sim \Delta I_{改}$（或 $U_{改} \sim \Delta U_{改}$）曲线，称为校准曲线，如图 2.7.5 所示，以后使用这个电表时，就可以根据校准曲线对各读数值进行校准，从而获得较高的准确度了。

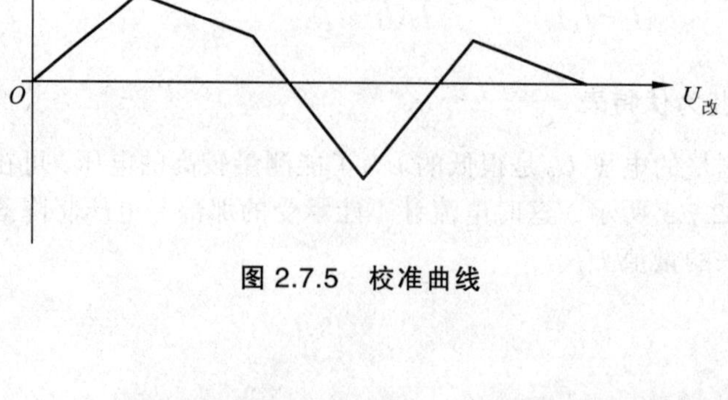

图 2.7.5　校准曲线

根据电表改装的量程和测量值的最大绝对误差，可以计算改装表的最大相对误差，即

$$最大相对误差=\frac{最大绝对误差}{量程}100\%\leqslant a\%$$

其中，$a=\pm0.1$、±0.2、±0.5、±1.0、±1.5、±2.5、±5.0，是电表的等级，所以根据最大相对误差的大小就可以定出电表的等级。

例如，校准某电压表，其量程为 0 ~ 30 V，若该表在 12 V 处的误差最大，其值为 0.12 V，试确定该表属于哪一级？

$$最大相对误差=\frac{最大绝对误差}{量程}\times100\%=\frac{0.12}{30}\times100\%=0.4\%<0.5\%$$

因为 0.2<0.4<0.5，故该表的等级属于 0.5 级。

四、实验内容

1. 用比较法测出待改装表 100 μA 表内阻

（1）正确按图 2.7.6 接好电路，将 R_1（33 kΩ）电位器调至最大。

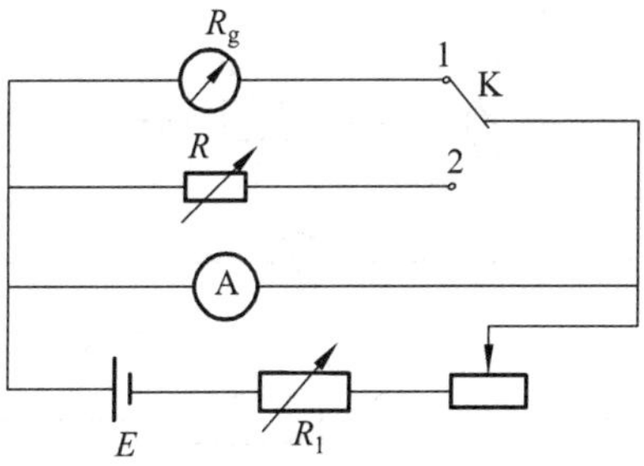

图 2.7.6　用比较法测表内阻

（2）将开关 K 扳至 1。调节 R_1、R_2，使电流表 A 读数为一个较大的值。

（3）保持不变。断开 K 将 R 调到较小，把 K 扳向 2。调节 R，使电流表 A 的读数与开关 K 扳向 1 位置时读数一样。

（4）此时，$R_g=R$。R_g 可多测几次，取其平均值。

2. 将量程为 100 μA 的表头改扩程至 5 mA

（1）根据（2.7.3）式计算分流电阻 R_S 的阻值。

（2）按图 2.7.7 接好线路图，其中 R_S 由电阻箱 R 代替。

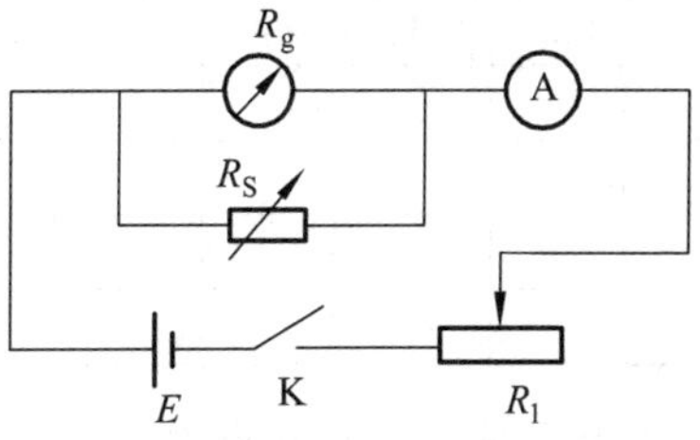

图 2.7.7　将 100 μA 的表头扩成 5 mA 的电路图

（3）校准量程。调节 R_1 使标准表达到满量程，若改装表与标准表的量程稍有差异，可调节 R_S，使电表量程符合要求。

（4）校准刻度。调节 R_1，使回路中电流从小到大每隔 0.5 mA 分别记录标准表和改装表的电流值，然后电流从大到小再测一次，数据记入表 2.7.1 中。

表 2.7.1　改装电流表的数据记录

标准表度数 I_0（mA）	0.5	1.0	1.5	2.0	2.5	3.0	3.5	4.0	4.5	5.0
待改装电表读数 $I_{改上}$（mA）										
待改装电表读数 $I_{改下}$（mA）										
$I_{改}=(I_{改上}+I_{改下})/2$（mA）										
$\Delta I_{改}=I_{标}-I_{改}$（mA）										

（5）以 $I_{改}$ 为横坐标，$\Delta I_{改}$ 为纵坐标，作校正曲线。

3. 将量程为 100 μA 的表头改装为 0～1V 的电压表

（1）根据（2.7.2）式计算分压电阻 R_m 的阻值。

（2）按图 2.7.8 接好线路图，其中 R_m 由电阻箱 R 代替。

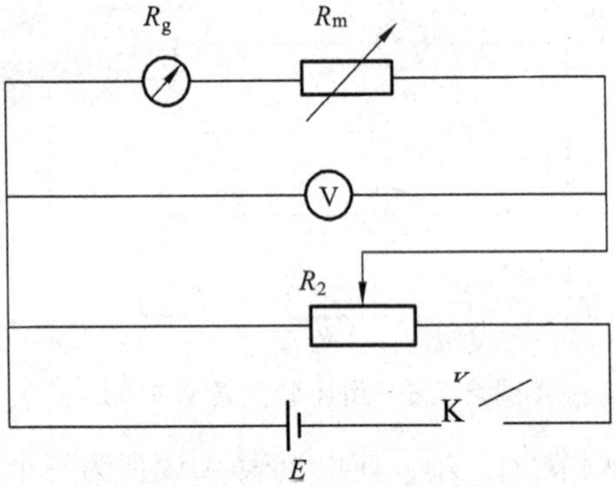

图 2.7.8　将 100 μA 的表头改成 1 V 的电路图

（3）校准量程。调节 R_2 使标准表达到满量程，若改装表与标准表的量程稍有差异，可调节 R_m，使电表量程符合要求。

（4）校准刻度。调节 R_2，使回路中电压从小到大每隔 0.1 V 分别记录标准表和改装表的值，然后电压从大到小再测一次，数据记入表 2.7.2 中。

表 2.7.2　改装电压表的数据记录

标准表度数 $U_{标}$（V）	0.1	0.2	0.3	0.4	0.5	0.6	0.7	0.8	0.9	1.0
待改装电表读数 $U_{改上}$（V）										
待改装电表读数 $U_{改下}$（V）										
$U_{改}=(U_{改上}+U_{改下})/2$（V）										
$\Delta U_{改}=U_{标}-U_{改}$（V）										

（5）以 $U_{改}$ 为横坐标，$\Delta U_{改}$ 为纵坐标，作校正曲线。

思 考 题

该实验如何提高扩程后的精度？

实验八　电位差计测量电源的电动势

一、实验目的

（1）了解电位差计的工作原理、结构及其使用方法。
（2）掌握用补偿的原理测电动势的方法。

二、实验仪器

THMV-1 直流电位差计

三、实验原理

1. 补偿原理

如图 2.8.1 所示，两个电源 E_0 和 E_x，其中 E_0 为可调标准电源，E_x 为待测电源。当 $E_0 \geqslant E_x$，两个电源正极对正极、负极对负极，回路中串有一个检流计 G，调节标准电源 E_0 可以使检流计指针指零。此时电路达到补偿状态，这时 $E_x = E_0$。若补偿状态下 E_0 的大小可知，就可确定。利用这种方法测量电位差叫补偿法。根据此原理构成的仪器叫电位差计。

2. 测量原理

电位差计的工作原理如图 2.8.2 所示，E 为工作电源，ab 为一根粗细均匀的电阻丝，E_N 为标准电池，E_x 为待测电源。其中 $abER$ 构成的回路为工作回路，其作用是提供工作电流 I_0，MNE_NM 构成的为校准回路，其作用是校准工作电流 I_0，MNE_xM 构成的回路为测量回路，其作用是测量 E_x。图中的 R 或 MN 用来调节工作电流的大小，通过调节工作电流 I_0 可以调整

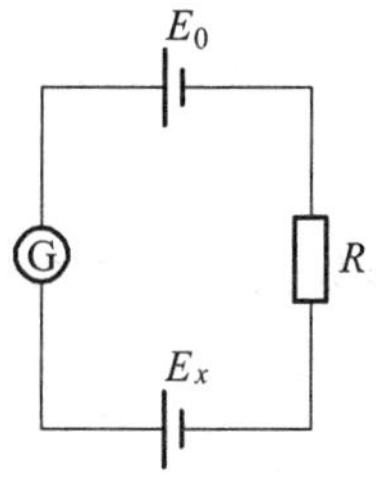

图 2.8.1

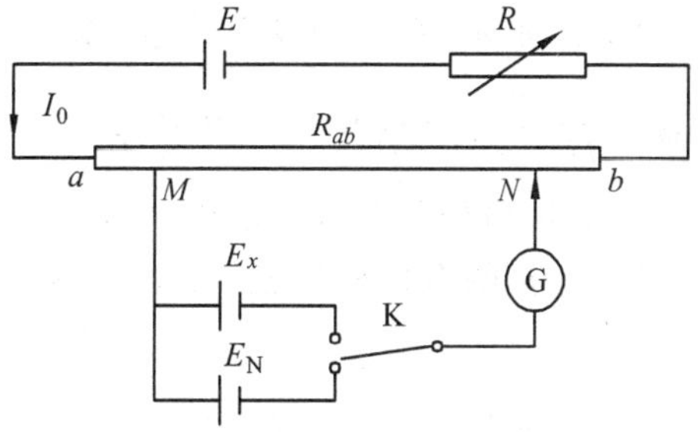

图 2.8.2

每个单位长度电阻丝上电位差 U_0 的大小，M、N 为电阻丝 ab 上的 两个活动触点，可以在电阻丝上移动，以便从 ab 上取适当的电位差来与测量支路上的电位差补偿，它相当于补偿电路 2.8.1 图中的 E_0，提供了一个可变电源。

1）定标

利用标准电池 E_N 高精确度的特点，使得工作回路中的电流 I 能准确地达到某一标定值 I_0，这一过程叫电位差计的定标。

本实验采用滑线式十六线电位差计，电阻 ab 是 16 m 长均匀电阻丝，根据标定原则，将图 2.8.3 中开关 K 扳至 1 的位置，移动滑动头 M、N，将 ab 之间的长度固定在 L_{MN} 上，调节工作电路中的电阻 R_0，使标定（校准）回路达到补偿，即流过检流计 G 的电流为零，此时

$$E_{\mathrm{N}} = U_{MN} = I_0 R_{MN} = I_0 \frac{\rho}{S} L_{MN}$$

因为电阻 R_{ab} 是均匀电阻丝，令

$$U_0 = \frac{\rho}{S} I_0 \tag{2.8.1}$$

那么有

$$E_{\mathrm{N}} = U_0 L_{MN} \tag{2.8.2}$$

很明显 U_0 是电阻丝 R_{ab} 上单位长度的电压降，在实际操作中，只要确定 U_0，也就完成了定标过程。

2）测量 E_x

当上面定标结束后，将图 2.8.2 的开关 K 扳至 2 的位置，调节 a、b 之间长度 L_{MN}，使 a、b 点间电位差 $U_{M'N'}$ 等于待测电动势 E_x，此时流过检流计 G 的电流为零，测量回路达到补偿。即

$$E_x = U = I_0 \frac{\rho}{S} L_{M'N'}$$

结合（2.8.2）式得

$$E_x = U_0 L_{M'N'} \tag{2.8.3}$$

下面用例子说明定标和测量过程，标准电池 E_N = 1.018 6 V，取 U_0 = 0.100 00 V/m。

定标：为了保证 R_{ab} 单位长度上的电压降 U_0 = 0.100 00V/m，则要使电位差计平衡的电阻丝长度 $L_{MN} = \frac{E_{\mathrm{N}}}{U_0} = 10.186\ 0\ \mathrm{m}$，调节限流电阻 R_0 使 $U_{MN} = E_N$，即检流计 G 的电流为 0，此时 R_{ab} 上的单位长度电压就是 0.100 00 V/m。

测量：经过定标的电位差计就可以用来测量待测电位差，调节 $L_{M'N'}$，使 $U_{M'N'}$ 和 E_x 达到补偿，即

$$E_x = U_{M'N'} = U_0 L_{M'N'}$$

若 $L_{M'N'}$ = 6.864 m，E_x = 0.100 00×6.864 = 0.686 4 V

四、仪器介绍

本实验利用的是 16 线电位差计，如图 2.8.3 所示。它具有结构简单、直观，便于分析讨论等优点，适合学生用来做实验。其中电阻丝 *AB* 长 16 m，往复绕在木板的十六个接线插孔 1、2、3、…、16 上，每两个插孔间电阻丝长 1 m，插头 *M* 可选插入孔 1、2、3、…、16 中任一孔，电阻丝 *BO* 附在带有毫米刻度尺上，触头 *N* 可在它上面滑动。

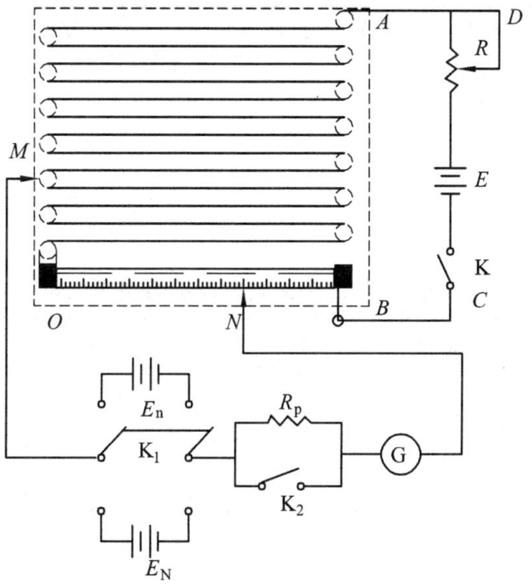

图 2.8.3

电路中标准电池 E_N 和检流计 G 都不能通过较大的电流，在测量时，可能因接头 *MN* 之间的电位差 U_{MN} 和 E_N（或 E_x）相差较大，而使标准电池和检流计中通过较大电流，因此在回路中串联一只大电阻 *R*，但这样就降低了电位差计的灵敏度，即可能接头 *MN* 之间电位差 U_{MN} 和 E_N（或 E_x）还没有完全平衡。还应该合上 K_2 以提高电位差计的灵敏度，由于电阻 *R* 起保护标准电池和检流计的作用，故称保护电阻。

五、实验内容及步骤

（1）按图 2.8.3 连接线路。注意正负极的连接。

（2）定标。将 *MN* 之间电阻丝的长度 L_{MN} 固定在 10.186 m 处，K 倒向 E_N。调节 *R* 使检流计大致无偏转，反复调节 *R*，直到检流计无偏转。此时，单位长度上的电压降正好是 U_0 = 0.100 00 V/m。

（3）测量未知电动势 E_x。将 K 倒向 E_x，重新调节 *MN* 之间的长度，当 *MN* 处在某一位置时，检流计指零，记下这个位置 $L_{M'N'}$，此时，则待测电源电动势 $E_x = U_0 L_{M'N'}$。

（4）改变电阻丝 L_{MN} 的长度，使单位长度上的电压降为 $U_0 = 0.200\ 00$ V/m（请同学们自己计算电阻丝 L_{MN} 的长度应取多长？)，在这种条件下再次测量待测电源电动势。记入表 2.8.1 中第 2 行。

（5）改变电阻丝 L_{MN} 的长度，使单位长度上的电压降为 $U_0 = 0.300\ 00$ V/m（请同学们自己计算电阻丝 L_{MN} 的长度应取多长？），在这种条件下再次测量待测电源电动势。记入表 2.8.1 中第 3 行。

（6）重复以上（2）至（5）的步骤，测量另一个待测电动势。记入表 2.8.2 中。

表 2.8.1　第一个未知电动势的测量记录

U_0（V/m）	L_{MN}（m）	$L_{M'N'}$（m）	E_x（V）	$\overline{E_x}$（V）	ΔE_x（V）	$\Delta\overline{E_x}$（V）
0.100 00						
0.200 00						
0.300 00						

$E_x = \overline{E_x} \pm \overline{\Delta E_x}$

表 2.8.2　第二个未知电动势的测量记录

U_0（V/m）	L_{MN}（m）	$L_{M'N'}$（m）	E_x（V）	$\overline{E_x}$（V）	ΔE_x（V）	$\Delta\overline{E_x}$（V）
0.100 00						
0.200 00						
0.300 00						

$E_x = \overline{E_x} \pm \overline{\Delta E_x}$

思 考 题

1. 实验中未知电动势的误差从哪里来？如何减小误差？
2. 如果定标时电阻丝的长度取为 10 m，那么单位长度上的电压降是多少？

实验九　惠斯登电桥测量电阻

一、实验目的

（1）掌握惠斯登电桥的基本原理和特点。

（2）学会用 QJ-24 型箱式电桥测未知电阻。

（3）了解电桥灵敏度的概念。

二、实验仪器

QJ—24 型箱式电桥、待测电阻、电源、导线。

三、实验原理

电阻是一切电学元件的重要参数之一。电阻的测量，是关于材料的特性和电器装置性能研究的最基本工作。由于电阻这个电学量与其他许多非电学量（如形变、温度、压力等）有直接关系，因而可以通过电学方法对材料电阻的测量来确定材料的这些非电学量。待测电阻的大小，只能通过它对电路的影响来反映，一般都是根据欧姆定律来测量（如伏安法测电阻）。由于利用欧姆定律测电阻要使用电表读数，测量准确度受到电表准确度的限制，不可避免地带来误差。在伏安法线路的基础上经过改进的电桥电路克服了这些缺点，它不使用电表读数，而是将待测电阻与标准电阻简单地进行比较来测量电阻。由于标准电阻制作误差很小，可达到很高精度，故使用电桥测量可达到较高的准确度。电桥电路不仅可以精确测量电阻，而且可以用于测量电感、电容、频率、压力、温度、形变等许多物理量，并广泛地应用于自动控制之中。根据用途不同，电桥有多种类型，它们的性能、结构各异，但其基本原理却是相同的。惠斯登电桥只是其中最简单的一种。

惠斯登电桥原理如图 2.9.1 所示，被测电阻 R_x 和 3 个电阻 R_1、R_2、R_0 构成电桥的四个臂。当在 A、C 端加上直流电源时（电源对角线），B、D 即谓“桥”，桥上串联的检流计 G 是用来检测其间有无电流流过，即比较“桥”两端的电位大小。

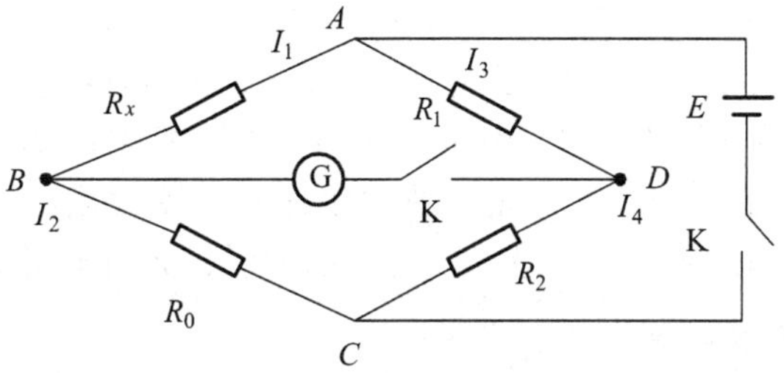

图 2.9.1　惠斯登电桥原理图

调节 R_1、R_2 和 R_0 的值，可使 B、D 两点的电位相等，检流计 G 的指针指零（$I=0$），于是电桥达到平衡。电桥平衡时

$$U_{AB}=U_{AD}，\quad U_{BC}=U_{DC}$$

即

$$I_1R_x=I_3R_1，\quad I_2R_0=I_4R_2$$

又因为 G 中无电流，所以有 $I_1=I_2$，$I_3=I_4$，上列两式相除，得

$$R_x/R_0=R_1/R_2$$

$$R_x=\frac{R_1}{R_2}R_0 \tag{2.9.1}$$

式（2.9.1）即为电桥平衡的条件。

在实验中电桥是否平衡是依据检流计有无偏转来判定的，但检流计的灵敏度总是有限的。当我们选取电桥的 $R_1=R_2$，并且在检流计的指针指零时，可得 $R_x=R_0$。如果此时将 R_0 作微小改变（ΔR_0）（改变 R_x 效果相同，但实际上 R_x 是不能改变的），电桥就应失去平衡，从而应有一个微小的电流 I_g 流过检流计，如果它小到不能使检流计发生可以觉察的偏转，我们会认为电桥仍然是平衡的，因而得出 $R_x=R_0+\Delta R_0$，ΔR_0 就是检流计灵敏度不够而引起的 R_x 的测量误差 ΔR_x。对此，引入电桥的灵敏度 S 予以说明，定义为

$$S=\frac{\Delta n}{\dfrac{\Delta R_0}{R_0}} \tag{2.9.2}$$

ΔR_0 是电桥平衡后对 R_0 的微小改变量，而 Δn 则是由于电桥偏离平衡而引起的检流计指针偏转的格数，分母 $\Delta R_0/R_0$ 表示 R_0 的相对改变。S 的单位是格，它表示 R_0 改变百分之一可使检流计指针偏转的格数。S 值越大，检流计的灵敏度越高。S 的大小与检流计的结构性质、测量的阻值的大小和外加电动势都有关。

四、实验内容

（1）将待测电阻接入如图 2.9.1 中的 R_x 位置。将电源选择挡选择为 9 V，灵敏度调到最小。

（2）将检流计转换开关拨向“内接”，按下“G”按钮，调节“调零旋钮”直至检流计指针为零，然后断开“G”按钮。

（3）根据待测电阻上的色环，估计被测电阻值，选择适当的倍率值。

（4）调节 R_0，使 $R_0\times$倍率值 大致与 R_x 相等。

（5）先按下“B”按钮，再按下“G”按钮，观察到检流计指针的偏转后，即断开“G”按钮，再次调节 R_0 的值后，按下“G”按钮，观察检流计指针的偏转。

（6）逐渐增加检流计的灵敏度，反复调节比较臂 R_0，使检流计指针为零。在检流计灵敏度调至最高时，反复调节比较臂 R_0，检流计指针都为零，此时电桥达到平衡。

$$R_x=R_0\times \text{倍率}$$

（7）待测电阻 R_{x1}，R_{x2}，R_{x3} 分别在同一倍率下测量 3 次，分别计算出 R_{x1}，R_{x2}，R_{x3} 的平均值。

五、实验数据记录

表 2.9.1　R_{x1} 的测量

次数	倍率	R_0（Ω）	R_{x1}（Ω）
1			
2			
3			
平均值			

$R_{x1}=\overline{R_{x1}}\pm\overline{\Delta R_{x1}}(\Omega)=$

表 2.9.2　R_{x2} 的测量

次数	倍率	R_0（Ω）	R_{x2}（Ω）
1			
2			
3			
平均值			

$R_{x2} = \overline{R_{x2}} \pm \overline{\Delta R_{x2}}(\Omega) =$

表 2.9.3　R_{x3} 的测量

次数	倍率	R_0（Ω）	R_{x3}（Ω）
1			
2			
3			
平均值			

$R_{x3} = \overline{R_{x3}} \pm \overline{\Delta R_{x3}}(\Omega) =$

思考题

1. 该实验能测量的电阻范围有多大？
2. 该实验是测小电阻准确呢还是测大电阻准确？

实验十　静电场的描绘

在工程技术上，常常需要知道由电极系决定的电场分布情况。例如，为了研究电子束在示波管中的聚焦和偏转，就需要知道示波管中的电场分布情况。一般来说，静电场的分布情况，可用解析法、数值求解法或模拟实验法求得。

对于具有对称性的规则带电体的电场分布，可由高斯定理（即解析法）求得，但在实际工作中，这种由规则带电体构成的电场往往是很少的。对于电极边界可用数学方式描述，但难于用解析法求得的电场分布，原则上可依据一定的计算程序，用计算机求近似解。

对于复杂带电体的电场分布，可用模拟法进行方便而有效的研究。利用电压表直接测定静电场的电势是不可能的，因为电表或其他探测器置于电场中，因静电感应，必然会使原场源电荷分布发生变化，使电场发生严重畸变。尽管静电场的直接测量是难于进行的，但可借助于测量电流场中的电位分布模拟静电场中的电位分布，虽然模拟法精度尚不很高，但对一般工程设计，已基本满足要求。

一、实验目的

（1）巩固加深所学有关静电场的知识，学会用电流场模拟静电场的原理方法。

（2）具体测绘同轴电极、示波管聚焦电极等几种电极系的静电场分布。

二、实验仪器

ZKY-JDC 测绘装置一套、电场测绘电源一台。实验所用仪器如图 2.10.1 所示。

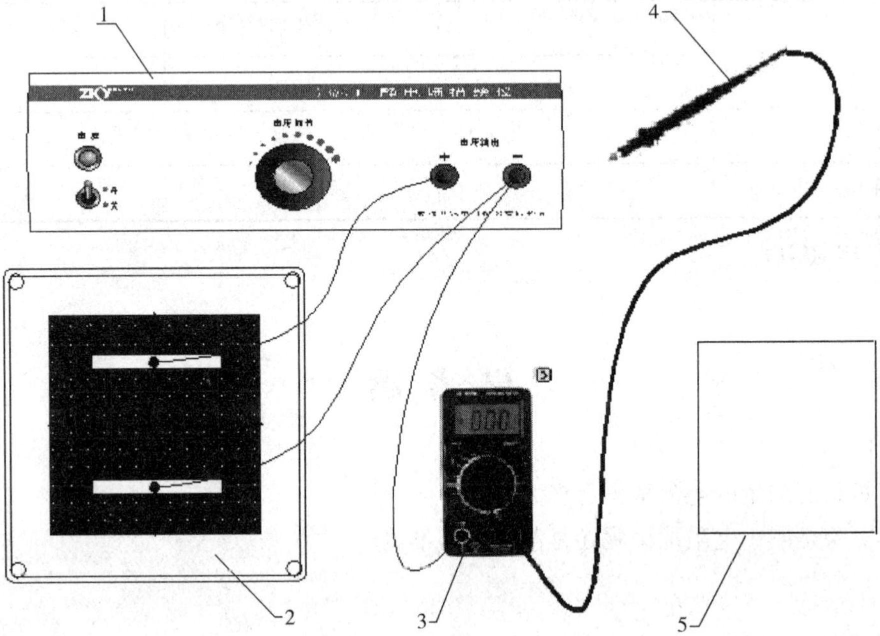

图 2.10.1

1—静电场电源；2—电极板；3—高内阻伏特表；4—探针；5—记录坐标纸

电源为交变电源，输出电压可调节。提供 5 种不同形状电极的电极板，电极固定在有机玻璃水槽内，有机玻璃水槽底部贴有坐标纸。实验时，用伏特表探针在电极板内探测 1 系列的等位点，并由电极板底部的坐标纸确定这些等位点的位置，在记录坐标纸上记录这些等位点的位置。

三、实验原理

模拟法要求类比的两个物理现象遵从的物理规律具有相似的数学表达形式（此乃数学模拟，尚有称之为物理模拟的模拟法）。从电磁学理论知道导电介质中的稳恒电流场与电介质中的静电场之间即具有这种相似性。因为，对于导电介质中的稳恒电流场，电荷在导电介质内的分布与时间无关，在电源以外区域，电荷守恒定律的积分形式为

$$\oint_S j \cdot \mathrm{d}s = 0 \qquad （连续方程）$$

$$\oint_L j \cdot \mathrm{d}s = 0 \qquad （环路定律）$$

而在电介质的无源区域内，下列方程同时成立：

$$\oint_S E \cdot \mathrm{d}s = 0 \qquad （高斯定律）$$

$$\oint_L E \cdot \mathrm{d}s = 0 \qquad （环路定律）$$

由此可见，导电介质中稳恒电流场的电流密度 j 与电介质中静电场的电场强度 E 所具有的物理规律具有相同的数学形式。在相同的边界条件下（电极的形状、位置、电极间电压相同），二者的解亦具有相同的数学形式，所以这两种场具有相似性，我们就可用稳恒电流场来模拟静电场。

由于标量在计算和测量上都比矢量简单得多，实际测量时，我们用稳恒电流场中的电位分布 U 模拟静电场中的电位分布，先测量描绘出若干等位线，由电场强度与电位梯度的关系 $E = -\nabla U$，可知电力线与等位线处处正交，即可由等位线描绘出电力线。

必须注意，静电场中，导体表面是等位面，真空中的电介质处处均匀。电流场中的导电介质相应于静电场中的电介质，为模拟静电场中的情况，要求电压表的内阻非常大（电压表探针接入后对原电流场的影响可忽略不计），电流场中电极的电导率远大于导电介质的电导率（电流流经电极内的电压降可忽略不计），且导电介质的电导率必须处处均匀。为达到此要求，我们用水做导电介质，在正负电极上加交变电源，测量等位线时是测量有效值电位，该有效值电位的分布与稳恒电流场中的电位分布是一致的。

四、实验内容及步骤

选取待测电场分布的电极板，为了减小因介质不均匀所造成的误差，要求在放置电极板时要水平。可在电极板槽中先加入少量水，将电极板垫平后，加水至电极高度的 1/2。

将静电场电源输出“+”（红色）接电极一，“-”（蓝色）接电极二和高内阻伏特表的地，探针插入高内阻伏特表的 VΩ 插口，置高内阻伏特表为 AC 20V 挡。

打开静电场电源开关，调节电压调节旋钮，使输出为 12V，此时导电介质中就建立起了模拟电场。

在记录坐标纸上依据电极板内电极的坐标位置画出电极形状及位置。

用探针测量电位为 2，4，6，8，10 V 时的等位线。对于每 1 条等位线，用探针在电极板内选取 8 个电位相同的点。测量时，探针要与水垂直，读数时，视线要与探针重合。读出探针所指的坐标，在记录纸上记录对应的点，通过这 8 个点的线就是该电位的等位线轨迹。作等位线时，不必通过每一个点，要兼顾曲线光滑，作完等位线后应标注该等位线的电位值。然后移动探针，找出其他电位的等位线轨迹。

利用所作出的等位线，作出电力线，就可得到电场分布图。

思 考 题

1. 等势线与电力线有什么关系？
2. 还有其他测量电势的方法吗？

实验十一　用亥姆霍兹线圈测量磁场

一、实验目的

（1）了解亥姆霍兹线圈磁场测量仪的结构及测量磁场的原理。
（2）学习和掌握弱磁场的测量方法。
（3）了解磁场的叠加原理，并根据测量结果描绘磁场分布。

二、实验仪器

（1）圆线圈和亥姆霍兹线圈实验平台，台面上有等距离 1.0 cm 间隔的网格线。
（2）高灵敏度三位半数字毫特斯拉计、三位半数字电流表及直流稳流电源组合仪一台。
（3）传感器探头是由 2 只配对的 95A 型集成霍尔传感器（传感器面积 4 mm × 3 mm × 2 mm）与探头盒（与台面接触面积为 20 mm × 20 mm）。仪器简图如图 2.11.1 所示。

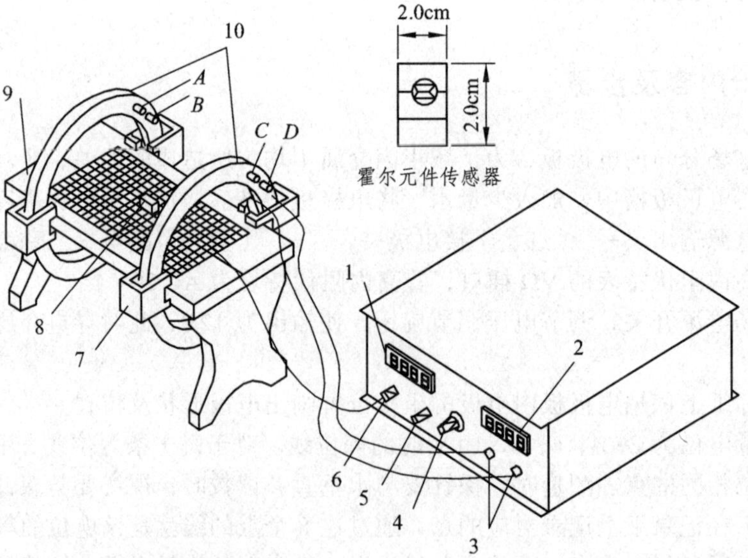

图 2.11.1

1—毫特斯拉计；2—电流表；3—直流电流源；4—电流调节旋钮；5—调零旋钮；6—传感器插头；7—固定架；8—霍尔传感器；9—大理石台面；10—线圈；A、B、C、D 为接线柱

（4）仪器的技术指标。

① 高灵敏毫特斯拉计	量程 0 ~ 1.999mT	
	分辨率	0.001mT
② 直流稳流电源	输出电流	50 ~ 400mA（两线圈并接）
		50 ~ 200mA（两线圈串接）
		稳定度　1%
③ 线圈	匝数	500
	外径	21.0cm
	内径	19.0cm
	平均半径	10.0cm
④ 交流电源	电压范围	200 ~ 240V
	频率	50Hz
⑤ 仪器整体	总重	10kg
⑥ 尺寸	线圈工作台	32cm×25cm×27cm
⑦ 磁感应强度测量	误差	<3%

三、实验原理

（1）根据毕奥-萨伐尔定律，载流线圈在轴线（通过圆心并与线圈平面垂直的直线）上某点的磁感应强度为

$$B=\frac{\mu_0\cdot\overline{R}^2}{2(\overline{R}^2+x^2)^{3/2}}N\cdot I \tag{2.11.1}$$

式中，μ_0 为真空磁导率，$\overline{R}$ 为线圈的平均半径，x 为圆心到该点的距离，N 为线圈匝数，I 为通过线圈的电流强度。因此，圆心处的磁感应强度 B_0 为

$$B_0=\frac{\mu_0}{2R}N\cdot I \tag{2.11.2}$$

轴线外的磁场分布计算公式较为复杂，这里简略。

（2）亥姆霍兹线圈是一对彼此平行且连通的共轴圆形线圈，两线圈内的电流方向一致，大小相同，线圈之间的距离 d 正好等于圆形线圈的半径。这种线圈的特点是能在其公共轴线中点附近产生较广的均匀磁场区，所以在生产和科研中有较大的使用价值，也常用于弱磁场的计量标准。

设 z 为亥姆霍兹线圈中轴线上某点离中心点 O 处的距离，则亥姆霍兹线圈轴线上任意一点的磁感应强度为

$$B'=\frac{1}{2}\mu_0 N\cdot \mathrm{I}\cdot R^2\left\{\left[R^2+\left(\frac{R}{2}+z\right)^2\right]^{-3/2}+\left[R^2+\left(\frac{R}{2}-z\right)^2\right]\right\} \tag{2.11.3}$$

而在亥姆霍兹线圈上中心点 O 处的磁感应强度 B'_0 为

$$B'_0 = \frac{8}{5^{3/2}} \cdot \frac{\mu_0 \cdot N \cdot I}{R} \tag{2.11.4}$$

四、实验步骤

（1）将两个线圈和固定架按照图 2.11.1 所示简图安装。大理石台面（图 2.11.1 中 9 所示有网格线的平面）应该处于线圈组的轴线位置。根据线圈内外半径及沿半径方向支架厚度，用不锈钢钢尺测量台面至线圈架平均半径端点对应位置的距离（在 11.2 cm 处），并适当调整固定架，直至满足台面通过两线圈的轴心位置。

（2）开机后应预热 10 min，再进行测量。

（3）调节和移动四个固定架（图 2.11.1 中 7 所示），改变两线圈之间的距离，用不锈钢钢尺测量两线圈间距。

（4）线圈边上红色接线柱表示电流输入，黑色接线柱表示电流输出。可以根据两线圈串接或并接时，在轴线上中心磁场比单线圈增大还是减小，来鉴别线圈通电方向是否正确。

（5）测量时，应将探头盒底部的霍尔传感器对准台面上被测量点，并且在两线圈断电情况下，调节调零旋钮（图 2.11.1 中 5 所示），使毫特斯拉计显示为零，然后进行实验。

（6）本毫特斯拉计为高灵敏度仪器，可以显示 1×10^{-6} T 磁感应强度变化。因而在线圈断电情况下，台面上不同位置，毫特斯拉计所显示的最后一位略有区别，这主要是地磁场（台面并非完全水平）和其他杂散信号的影响。因此，应在每次测量不同位置磁感应强度时调零。

实验时，最好在线圈通电回路中接一个单刀双向开关，可以方便电流通断，也可以插拔电流插头。

五、实验内容及数据处理

1. 载流圆线圈和亥姆霍兹线圈轴线上各点磁感应强度的测量(必做内容)

（1）按图 2.11.1 接线，直流稳流电源中数字电流表已串接在电源的一个输出端，测量电流 $I = 100$ mA 时，单线圈 a 轴线上各点磁感应强度 B（a），每隔 1.00 cm 测一个数据。实验中，随时观察毫特斯拉计探头是否沿线圈轴线移动。每测量一个数据，必须先在直流电源输出电路断开（$I = 0$）调零后才测量和记录数据，将测量数据记录在表 2.11.1 中。

表 2.11.1

x (cm)	−1.00	0.00	1.00	2.00	3.00	4.00	5.00
$B(a)$ (mT)							
x (cm)							
$B(a)$ (mT)							

在该项内容中把测量的磁感应强度与理论值进行比较（如比较 $x = 0.00$ cm 处和 $x = 5.00$ cm

处的磁感应强度）计算其百分误差。（线圈平均半径 $R = 10.00$ cm，线圈匝数 $N = 500$，真空磁导率 $\mu_0 = 4\pi\times10^{-7}$ H/m）

（2）在轴线上某点转动毫特斯拉计探头，观察一下该点磁感应强度的方向。

（3）将两线圈间距 d 调整至 $d = 10.00$ cm，这时，组成一个亥姆霍兹线圈。取电流值 $I = 100$ mA，分别测量两线圈单独通电时，轴线上各点的磁感应强度值 B（a）和 B（b），然后测亥姆霍兹线圈在通同样电流 $I = 100$ mA，在轴线上的磁感应强度值 B（$a+b$），证明在轴线上的点 B（$a+b$）$=B$（a）$+B$（b），即载流亥姆霍兹线圈轴线上任一点磁感应强度是两个载流单线圈在该点上产生磁感应强度之和。将测量数据记录在表格 2.11.2 中。

表 2.11.2

x (cm)	−7.00	−6.00	−5.00	−4.00	−3.00	−2.00	−1.00	0.00
$B(a)$ (mT)								
$B(a)$ (mT)								
$B(a)+B(b)$ (mT)								
$B(a+b)$ (mT)								
x (cm)	1.00	2.00	3.00	4.00	5.00	6.00	7.00	
$B(a)$ (mT)								
$B(a)$ (mT)								
$B(a)+B(b)$ (mT)								
$B(a+b)$ (mT)								

通过表 2.11.2 数据的测量验证磁场的叠加原理，并从中找到亥姆霍兹线圈的均匀磁场区间。

（4）分别把亥姆霍兹线圈间距调整为 $d = R/2$ 和 $d = 2R$，测量在电流为 $I = 100$ mA 轴线上各点的磁感应强度值。

（5）作间距 $d = R/2$、$d = R$、$d = 2R$ 时，亥姆霍兹线圈轴线上磁感应强度 B 与位置 z 之间关系图，即 B-z 图，证明磁场叠加原理。

2. 载流圆线圈通过轴线平面上的磁感应线分布的描绘(选做内容)

把一张坐标纸粘贴在包含线圈轴线的水平面上，可自行选择恰当的点，把探测器底部传感器对准此点，然后亥姆霍兹线圈通过 $I = 100$ mA 电流。转动探测器，观测毫特斯拉计的读数值，读数值为最大时传感器的法线方向，即为该点的磁感应强度方向。比较轴线上的点与远离轴线点磁感应强度方向变化情况。近似画出载流亥姆霍兹线圈磁感应线分布图。

六、注意事项

（1）实验探测器采用配对 SS95A 型集成霍尔传感器，灵敏度高，因而地磁场对实验影响不可忽略，移动探头测量时须注意零点变化，可以通过不断调零以消除此影响。

（2）接线或测量数据时，要特别注意检查移动两个线圈时，是否满足亥姆霍兹线圈的条件。

（3）两个线圈采用串接或并接方式与电源相连时，必须注意磁场的方向。如果接错线有可能使亥姆霍兹线圈中间轴线上磁场为零或极小。

思 考 题

1. 单线圈轴线上磁场的分布规律如何？

2. 亥姆霍兹线圈是如何组成的？它的基本条件有哪些？它的磁场分布特点又怎样？

3. 若将亥姆霍兹线圈通以相反方向的电流，则在两线圈内部和外部轴线上的磁场将会怎样分布？

实验十二　霍尔效应实验

霍尔效应是导电材料中的电流与磁场相互作用而产生电动势的效应。1879 年美国霍普金斯大学研究生霍尔在研究金属导电机构时发现了这种电磁现象，故称霍尔效应。后来曾有人利用霍尔效应制成测量磁场的磁传感器，但因金属的霍尔效应太弱而未能得到实际的应用。随着半导体材料和制造工艺的发展，人们又利用半导体材料制成霍尔元件，由于它的霍尔效应显著而得到实际应用和发展。现在广泛应用与非电量的检测、电动控制、电磁测量和计算装置方面。在电流体中的霍尔效应也是目前在研究中的“磁流体发电”的理论基础。近年来，霍尔效应实验不断有新的发现。1980 年联邦德国物理学家冯·克利青（K.Von Klitzing）研究二维电子气系统的运输特性，在低温和强磁场下发现了量子霍尔效应，这是凝聚态物理领域的重要发现之一。目前对量子霍尔效应正在进行深入的研究，并取得了重要应用，例如用于确定电阻的自然基准，可以极为精确地测量光谱的精细结构常数等。

在磁场、磁路等磁现象的研究和应用中，霍尔效应及其元件是不可缺少的，利用它观测磁场直观、干扰小、灵敏度高、效果明显。

一、实验目的

（1）了解霍尔效应原理及测量霍尔元件有关参数。

（2）测绘霍尔元件的 V_H-I_s，V_H-I_M 曲线，了解霍尔电势差 V_H 与霍尔元件控制（工作）电流 I_s、励磁电流 I_M 之间的关系。

（3）学习利用霍尔效应测量磁感应强度 B 及磁场分布。

（4）学习用“对称交换测量法”消除负效应产生的系统误差。

二、实验原理

霍尔效应从本质上讲是运动的带电粒子在磁场中受洛仑兹力的作用而引起的偏转。当带电粒子（电子或空穴）被约束在固体材料中，这种偏转就导致在垂直电流和磁场的方向上产生正负电荷在不同侧的聚积，从而形成附加的横向电场。

如图 2.12.1 所示，磁场 B 位于 Z 的正向，与之垂直的半导体薄片上沿 X 正向通以电流 I_S（称为控制电流或工作电流），假设载流子为电子（N 型半导体材料），它沿着与电流 I_S 相反的 X 负向运动。

由于洛伦兹力 f_L 的作用，电子即向图中虚线箭头所指的位于 Y 轴负方向的 B 侧偏转，并使 B 侧形成电子积累，而相对的 A 侧形成正电荷积累。与此同时运动的电子还受到由于两种积累的异种电荷形成的反向电场力 f_E 的作用。随着电荷积累量的增加，f_E 增大，当两力大小相等（方向相反）时，$f_L=-f_E$，则电子积累便达到动态平衡。这时在 A、B 两端面之间建立的电场称为霍尔电场 E_H，相应的电势差称为霍尔电压 V_H。

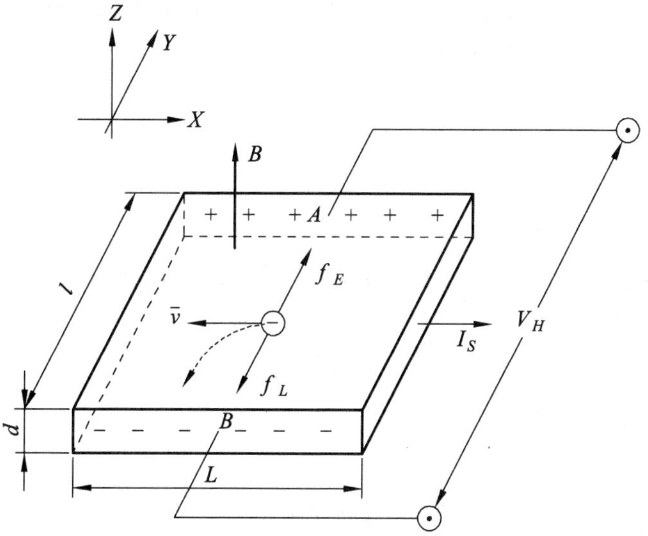

图 2.12.1　运动的载流子在磁场中受到洛伦兹力发生偏转，同时也受到电场力作用

设电子按均一速度 $\bar{v}$ 向图示的 X 负方向运动，在磁场 B 作用下，所受洛伦兹力为

$$f_L=-e\bar{v}B$$

式中，e 为电子电量，$\bar{v}$ 为电子漂移平均速度，B 为磁感应强度。

同时，电场作用于电子的力为

$$f_E=-eE_H=-eV_H/l$$

式中，E_H 为霍尔电场强度，V_H 为霍尔电压，l 为霍尔元件宽度。

当达到动态平衡时，

$$f_L=-f_E\text{，}\quad \bar{v}B=V_H/l \tag{2.12.1}$$

设霍尔元件宽度为 l，厚度为 d，载流子浓度为 n，则霍尔元件的控制（工作）电流为

$$I_S=ne\bar{v}\,ld \tag{2.12.2}$$

由（2.12.1），（2.12.2）两式可得

$$V_{\mathrm{H}} = E_{\mathrm{H}} l = \frac{1}{ne} \cdot \frac{I_{\mathrm{S}} B}{d} = R_{\mathrm{H}} \frac{I_{\mathrm{S}} B}{d} \tag{2.12.3}$$

即霍尔电压 V_{H}（A、B 间电压）与 I_{S}、B 的乘积成正比，与霍尔元件的厚度成反比，比例系数 $R_{\mathrm{H}} = \frac{1}{ne}$ 称为霍尔系数，它是反映材料霍尔效应强弱的重要参数，根据材料的电导率 $\sigma = ne\mu$ 的关系，还可以得到

$$R_{\mathrm{H}} = \mu / \sigma = \mu \rho \tag{2.12.4}$$

式中，ρ 为材料的电阻率，μ 为载流子的迁移率，即单位电场下载流子的运动速度，一般电子迁移率大于空穴迁移率，因此制作霍尔元件时大多采用 N 型半导体材料。

当霍尔元件的材料和厚度确定时，设

$$K_{\mathrm{H}} = R_{\mathrm{H}} / d = 1 / ned \tag{2.12.5}$$

将式（2.12.5）代入式（2.12.3）中得

$$V_{\mathrm{H}} = K_{\mathrm{H}} I_{\mathrm{S}} B \tag{2.12.6}$$

式中，K_{H} 称为元件的灵敏度，它表示霍尔元件在单位磁感应强度和单位控制电流下的霍尔电势大小，其单位是[mV/(mA·T)]，一般要求 K_{H} 越大越好。

若需测量霍尔元件中载流子迁移率 μ，则有

$$\mu = \frac{\overline{v}}{E_I} = \frac{\overline{v} \cdot L}{V_I} \tag{2.12.7}$$

将（2.12.2）式、（2.12.5）式、（2.12.7）式联立求得

$$\mu = K_{\mathrm{H}} \cdot \frac{L}{l} \cdot \frac{I_{\mathrm{S}}}{V_I} \tag{2.12.8}$$

其中，V_I 为垂直于 I_{S} 方向的霍尔元件两侧面之间的电势差，E_I 为由 V_I 产生的电场强度，L、l 分别为霍尔元件长度和宽度。

由于金属的电子浓度 n 很高，所以它的 R_{H} 或 K_{H} 都不大，因此不适宜作霍尔元件。此外元件厚度 d 越薄，K_{H} 越高，所以制作时，往往采用减少 d 的办法来增加灵敏度，但不能认为 d 越薄越好，因为此时元件的输入和输出电阻将会增加，这对锗元件是不希望的。

应当注意，当磁感应强度 B 和元件平面法线成一角度时（见图 2.12.2），作用在元件上的有效磁场是其法线方向上的分量 $B\cos\theta$，此时

$$V_{\mathrm{H}} = K_{\mathrm{H}} I_{\mathrm{S}} B \cos\theta \tag{2.12.9}$$

所以一般在使用时应调整元件两平面方位，使 V_{H} 达到最大，即 $\theta = 0$，

$$V_{\mathrm{H}} = K_{\mathrm{H}} I_{\mathrm{S}} B \cos\theta = K_{\mathrm{H}} I_{\mathrm{S}} B \tag{2.12.10}$$

由式（2.12.9）可知，当控制（工作）电流 I_{s} 或磁感应强度 B，两者之一改变方向时，霍

尔电压 V_H 的方向随之改变；若两者方向同时改变，则霍尔电压 V_H 极性不变。

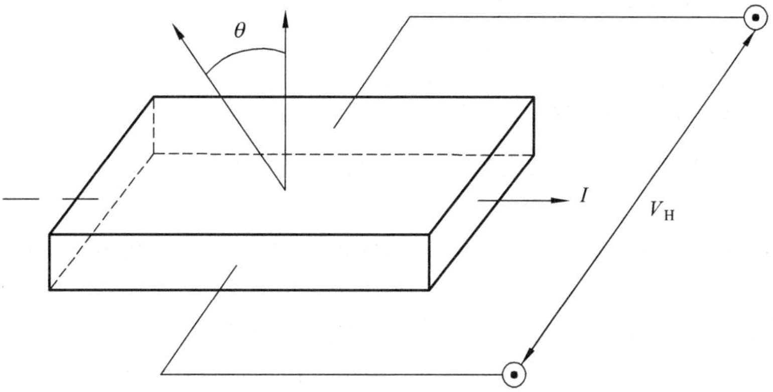

图 2.12.2　当磁场倾斜时，只有磁场的垂直分量对运动的载流子起作用

霍尔元件测量磁场的基本电路如图 2.12.3 所示，将霍尔元件置于待测磁场的相应位置，并使元件平面与磁感应强度 B 垂直，在其控制端输入恒定的工作电流 I_S，霍尔元件的霍尔电压输出端接毫伏表，测量霍尔电势 V_H 的值。

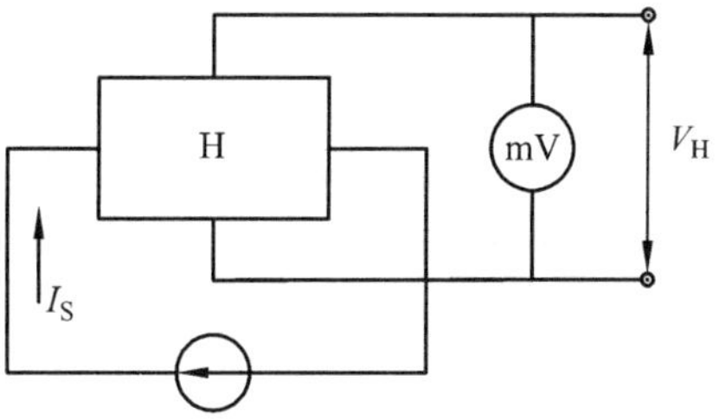

图 2.12.3　霍尔元件测量磁场的基本电路

三、实验仪器

本套仪器由 ZKY-HS 霍尔效应实验仪和 ZKY-HC 霍尔效应测试仪两大部分组成。

1. ZKY-HS 霍尔效应实验仪

本实验仪由电磁铁、二维移动标尺、3 个换向闸刀开关、霍尔元件及引线组成。

（1）C 型电磁铁。

（2）二维移动标尺及霍尔元件。

水平标尺 0 ~ 50 mm	纵向标尺 0 ~ 30 mm	
霍尔元件材料：	N 型砷化镓	
长度 L：300 μm	宽度 l：100 μm	厚度 d：2 μm

霍尔片上有 4 只引脚，其中编号为 1、2 的两只为霍尔工作电流端，编号为 3、4 的两只为霍尔电压输出端，同时将这 4 只引脚焊接在玻璃丝布板上，然后引到仪器换向闸刀开关上，能方便地进行实验。

霍尔元件灵敏度 K_H[mV/(mA·T)]、霍尔元件不等位电势 V。每台实验仪面板上用标牌标示。

（3）3 个双刀双掷闸刀开关分别对励磁电流 I_M、工作（控制）电流 I_S、霍尔电势 V_H 进行通断和换向控制。

2. ZKY–HC 霍尔效应测试仪

仪器背部为 220V 交流电源插座及保险丝。仪器面板分为 3 大部分：

（1）励磁电流 I_M 输出：前面板右侧。

三位半数码管显示输出电流值 I_M（mA），输出直流恒流可调 0 000 ~ 1 000 mA（用调节旋纽调节）。

（2）霍尔元件工作（控制）电流 I_S 输出：前面板左侧。

三位半数码管显示输出电流值 I_S（mA），输出直流恒流可调 1.50 ~ 10.00 mA（用调节旋钮调节）。

注意：只有在接通负载时，恒流源才能输出电流，数显表上才有相应显示。

以上两组恒流源只能在规定的负载范围内恒流，与之配套的“实验仪”上的负载符合要求。若要作他用须注意。

（3）霍尔电压 V_H 输入：前面板中部。

四位数码管显示输入电压值 V_H（mV）。

测量范围：±199.9 mV。

若要测量交流磁场和研究交流工作电流对霍尔元件的影响等，则必须另外提供有效值与以上直流恒流源相近的交流电源，方可进行实验。

四、实验注意事项

（1）霍尔元件及二维移动标尺易于折断、变形，应注意避免受挤压、碰撞等。实验前应检查两者及电磁铁是否松动、移位，并加以调整。

（2）霍尔电压 V_H 测量的条件是霍尔元件平面与磁感应强度 B 垂直，此时 $V_H = K_H I_S B\cos\theta = K_H I_S B$，即 V_H 取得最大值，仪器在组装时已调整好，为防止搬运、移动中发生的形变、位移，实验前应将霍尔元件移至电磁铁气隙中心，调整霍尔元件方位，使其在 I_M，I_S 固定时，达到输出 V_H 最大。

（3）为了不使电磁铁过热而受到损害，或影响测量精度，除在短时间内读取有关数据，通以励磁电流 I_M 外，其余时间最好断开励磁电流开关。

（4）仪器不宜在强光照射下，高温、强磁场和有腐蚀气体的环境下工作和存放。

五、实验方法与步骤

（1）按仪器面板上的文字和符号提示将 ZKY-HS 霍尔效应实验仪与 ZKY-HC 霍尔效应测试仪正确连接。

① ZKY-HC 霍尔效应测试仪面板右下方为提供励磁电流 I_M 的恒流源输出端（0 ~ 1 000 mA），接霍尔效应实验仪上电磁铁线圈电流的输入端（将接线叉口与接线柱连接）。

② “测试仪”左下方为提供霍尔元件控制（工作）电流 I_S 的恒流源（1.50 ~ 10.00 mA）输出端，接“实验仪”霍尔元件工作电流输入端（将插头插入插座）。

③ “实验仪”上霍尔元件的霍尔电压 V_H 输出端，接“测试仪”中部下方的霍尔电压输入端。

④ 将测试仪与 220 V 交流电源接通。

（2）测量电磁铁气隙中磁感应强度 B 的大小及分布情况。

① 测量电磁铁气隙中磁感应强度 B 的大小。

· 调节励磁电流 I_M 为 600 mA，I_S = 10.0 mA 测霍尔电压，记于表 2.12.1 中。

· 移动二维标尺，使霍尔元件处于气隙中心位置。

· 调节 I_S = 2.00、…、10.00 mA（数据采集间隔 2.00 mA），记录对应的霍尔电压 V_H 填入表 2.12.2，描绘 V_H- I_S 关系曲线，求得斜率 K_1（$K_1 = V_H/I_S$）。

· 将给定的霍尔灵敏度 K_H 及斜率 K_1 代入式（2.12.6）可求得磁感应强度 B 的大小。

（若实验室配备有特斯拉计，可以实测气隙中心 B 的大小，与计算的 B 值比较。）

② 考察气隙中磁感应强度 B 的分布情况。

· 将霍尔元件置于电磁铁气隙中心，调节 I_M = 1 000 mA，I_S = 10.00 mA，测量相应的 V_H。

· 将霍尔元件从中心向边缘移动每隔 5 mm 选一个点测出相应的 V_H，填入表 2.12.3。

· 由以上所测 V_H 值，由式（2.12.6）计算出各点的磁感应强度，并绘出 B-X 图，显示出气隙内 B 的分布状态。

为了消除附加电势差引起霍尔电势测量的系统误差，一般按$\pm I_M$，$\pm I_S$的四种组合测量求其绝对值的平均值。

表 2.12.1 测磁场 I_S = 10.0 mA，I_M = 600 mA

V_1（mV）	V_2（mV）	V_3（mV）	V_4（mV）	V_H	B（T）

③ 研究霍尔电压与工作电流的关系，做 $V_H - I_S$ 曲线。

励磁电流为 600 mA，工作电流从 2.00 mA 逐渐增至 10.0 mA，测量霍尔电压的变化。

表 2.12.2 测 V_H-I_S 关系 I_M = 600 mA

I_S（mA）	V_1(mV)	V_2(mV)	V_3(mV)	V_4(mV)	$V_H = \dfrac{\lvert V_1\rvert + \lvert V_2\rvert + \lvert V_3\rvert + \lvert V_4\rvert}{4}$ (mV)
	$+I_M+I_s$	$-I_M+I_s$	$-I_M-I_s$	$+I_M-I_s$	
2.00					
3.00					
4.00					
5.00					
6.00					
7.00					
8.00					
9.00					
10.00					

④ 研究霍尔电压与励磁电流的关系，做 $V_H - I_M$ 曲线。

工作电流为 3 mA，励磁电流从 100 mA 逐渐增至 900 mA，测量霍尔电压的变化。

表 2.12.3　测 V_H-I_M 的关系　　$I_S = 3.00$ mA

I_M（mA）	V_1（mV）	V_2（mV）	V_3（mV）	V_4（mV）	$V_H = \frac{\lvert V_1\rvert+\lvert V_2\rvert+\lvert V_3\rvert+\lvert V_4\rvert}{4}$(mV)
	$+I_M+I_S$	$-I_M+I_S$	$-I_M-I_S$	$+I_M-I_S$	
100					
200					
300					
400					
500					
600					
700					
800					
900					

六、实验系统误差及其消除

测量霍尔电势 V_H 时，不可避免地会产生一些副效应，由此而产生的附加电势叠加在霍尔电势上，形成测量系统误差，这些副效应有：

1. 不等位电势 V_0

由于制作时，两个霍尔电势极不可能绝对对称地焊在霍尔片两侧[见图 2.12.4（a）]、霍尔片电阻率不均匀、控制电流极的端面接触不良[见图 2.12.4（b）]，都可能造成 A、B 两极不处在同一等位面上，此时虽未加磁场，但 A、B 间存在电势差 V_0，此称不等位电势，$V_0 = I_S R$，R 是两等位面间的电阻，由此可见，在 R 确定的情况下，V_0 与 I_S 的大小成正比，且其正负随 I_S 的方向而改变。

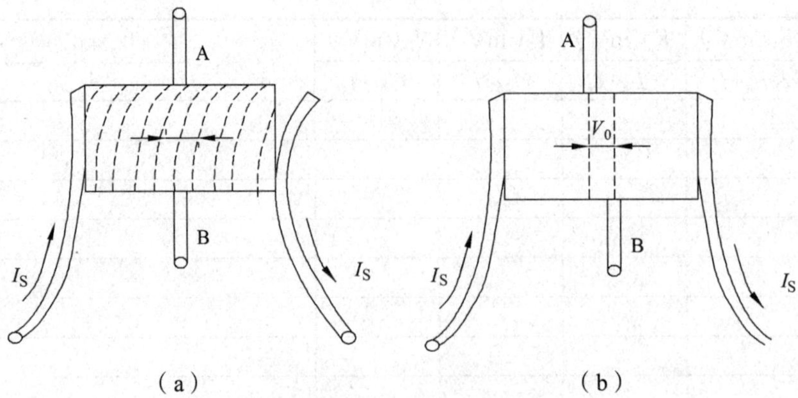

图 2.12.4　不等位电势的影响

2. 爱廷豪森效应

当元件的 X 方向通以工作电流 I_S，Z 方向加磁场 B 时，由于霍尔片内的载流子速度服从统计分布，有快有慢。在达到动态平衡时，在磁场的作用下慢速与快速的载流子将在洛伦兹力和霍尔电场的共同作用下，沿 Y 轴分别向相反的两侧偏转，这些载流子的动能将转化为热能，使两侧的温升不同，因而造成 Y 方向上的两侧的温差（T_A-T_B），如图 2.12.5 所示。

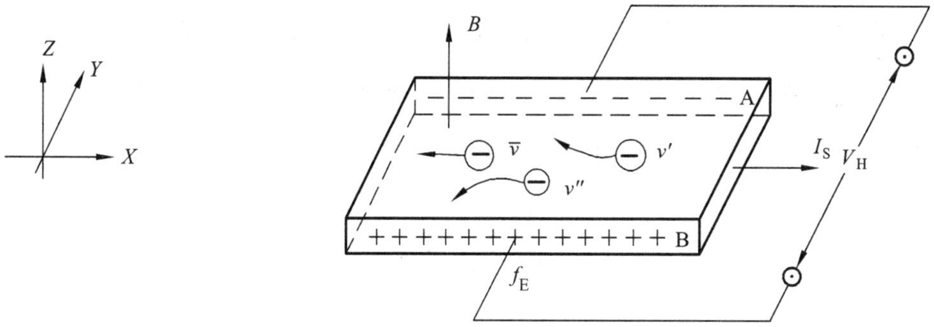

图 2.12.5　正电子运动平均速度（图中 $v'<\bar{v}$，$v''>\bar{v}$）

因为霍尔电极和元件两者材料不同，电极和元件之间形成温差电偶，这一温差在 A、B 间产生温差电动势 V_E，$V_E \propto IB$。

这一效应称爱廷豪森效应，V_E 的大小与正负符号与 I、B 的大小和方向有关，跟 V_H 与 I、B 的关系相同，所以不能在测量中消除。

3. 伦斯脱效应

由于控制电流的两个电极与霍尔元件的接触电阻不同，控制电流在两电极处将产生不同的焦耳热，引起两电极间的温差电动势，此电动势又产生温差电流（称为热电流）Q，热电流在磁场作用下将发生偏转，结果在 Y 方向上产生附加的电势差 V_H 且 $V_N \propto QB$，这一效应称为伦斯脱效应，由此式可知 V_H 的符号只与 B 的方向有关。

4. 里纪-勒杜克效应

如上所述霍尔元件在 X 方向有温度梯度 $\dfrac{dT}{dx}$，引起载流子沿梯度方向扩散而有热电流 Q 通过元件，在此过程中载流子受 Z 方向的磁场 B 作用下，在 Y 方向引起类似爱廷豪森效应的温差 T_A-T_B，由此产生的电势差 $V_H \propto QB$，其符号与 B 的方向有关，与 I_S 的方向无关。

为了减少和消除以上效应引起的附加电势差，利用这些附加电势差与霍尔元件控制（工作）电流 I_s，磁场 B（即相应的励磁电流 I_M）的关系，采用对称（交换）测量法进行测量。

当 $+I_M$，$+I_s$ 时，$V_{AB1}=V_H+V_0+V_E+V_N+V_R$

当 $+I_M$，$-I_s$ 时，$V_{AB2}=-V_H-V_0-V_E+V_N+V_R$

当 $-I_M$，$-I_s$ 时，$V_{AB3}=+V_H-V_0+V_E-V_N-V_R$

当 $-I_M$，$+I_s$ 时，$V_{AB4}=-V_H+V_0-V_E-V_N-V_R$

对以上四式作如下运算则得

$$\frac{1}{4}(V_{AB1}-V_{AB2}+V_{AB3}-V_{AB4})=V_H+V_E$$

可见，除爱廷豪森效应以外的其他副效应产生的电势差会全部消除，因爱廷豪森效应所产生的电势差V_E的符号和霍尔电势V_H的符号，与I_S及B的方向关系相同，故无法消除，但在非大电流、非强磁场下，$V_H>>V_E$，因而V_E可以忽略不计，$V_H\approx V_H+V_E=\frac{V_1-V_2+V_3-V_4}{4}$。

一般情况下，当V_H较大时，V_{AB1}与V_{AB3}同号，V_{AB2}与V_{AB4}同号，而两组数据反号，故

$$(V_{AB1}-V_{AB2}+V_{AB3}-V_{AB4})/4=(|V_{AB1}|+|V_{AB2}|+|V_{AB3}|+V_{AB4}|)/4$$

即用四次测量值的绝对值之和求平均值即可。

思考题

1. 测量霍尔电压时为什么要交换电流和磁场的方向？
2. 电压V_1，V_2，V_3，V_4有规律吗？

实验十三　分光计的调整和使用

分光计是一种测量角度的仪器，利用它能精确地测量入射与出射光线的角度，通过测量有关角度可确定其他光学量，如折射率、色散率、光谱线的波长等。

分光计是比较精密的仪器，构造精细，调节技术要求较高，使用时必须严格按规则调节，才能得到较高精度的测量结果。

一、实验目的

（1）了解分光计的结构，掌握分光计的调节和使用方法。
（2）掌握测量棱镜顶角的方法。

二、实验仪器

分光计，平面反射镜，玻璃三棱镜，钠灯。

三、实验原理

分光计的结构如图 2.13.1 所示。

分光计有 4 个主要部件：望远镜、平行光管、载物台、读数盘（刻度盘、游标盘）。

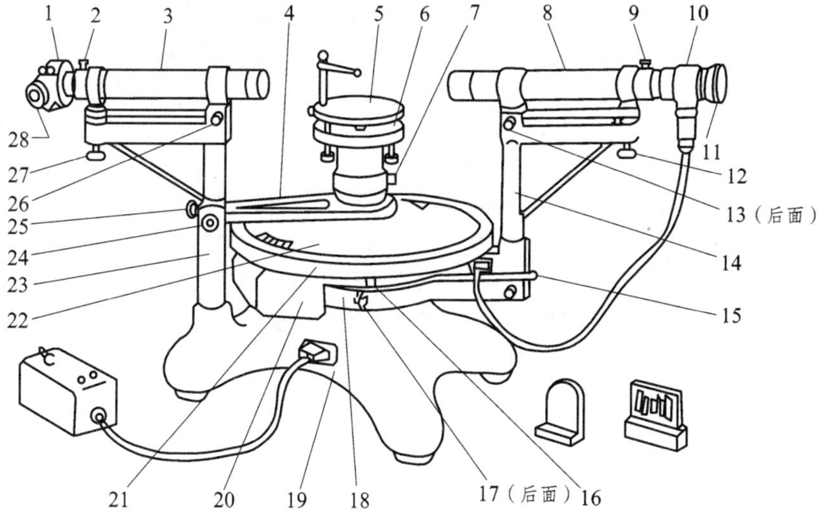

图 2.13.1 分光计的结构图

1—狭缝装置；2—狭缝装置锁紧螺钉；3—平行光管部件；4—制动架（一）；5—载物台；6—载物台调平螺钉（3 只）；7—载物台锁紧螺钉；8—望远镜部件；9—目镜锁紧螺钉；10—目镜；11—目镜视度调节手轮；12—望远镜光轴高低调节螺钉；13—望远镜光轴水平调节锁钉；14—支臂；15—望远镜微调螺钉；16—转座与度盘止动螺钉；17—望远镜止动螺钉；18—制动架（二）；19—底座；20—转座；21—刻度盘；22—游标盘；23—立柱；24—游标盘微调螺钉；25—游标盘止动螺钉；26—平行光管光轴水平调节螺钉；27—平行光管光轴高低调节螺钉；28—狭缝宽度调节手轮

1. 望远镜

望远镜是用来观察平行光的。分光计采用的是自准直望远镜（阿贝式）。它是由目镜、叉丝分划板和物镜 3 部分组成，分别装在 3 个套筒中，这 3 个套筒一个比一个大，彼此可以互相滑动，以便调节聚焦。如图 2.13.2 所示。中间的一个套筒装有一块圆形分划板，分划板面刻有“$\mp$”形叉丝，分划板的下方紧贴着装有一块 45°全反射小棱镜，在与分划板相贴的小棱镜的直角面上，刻有一个“+”形透光的叉丝。在望远镜看到的“+”像就是这个叉丝（物）的像。叉丝套筒上正对着小棱镜的另一个直角面处开有小孔并装一小灯，小灯的光进入小孔经全反射小棱镜反射后，沿望远镜光轴方向照亮分划板，以便于调节和观测。

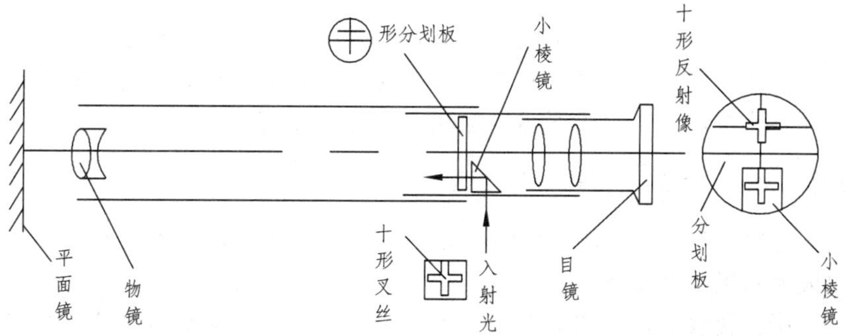

图 2.13.2 望远镜结构图

2. 平行光管

平行光管是用来产生平行光的，它由狭缝和会聚透镜组成，其结构如图 2.13.3 所示。狭缝与透镜之间的距离可以通过伸缩狭缝套筒进行调节，当狭缝调到透镜的焦平面上时，则狭缝发出的光经透镜后就成为平行光。狭缝的宽度可由图中的调节缝宽螺钉进行调节。

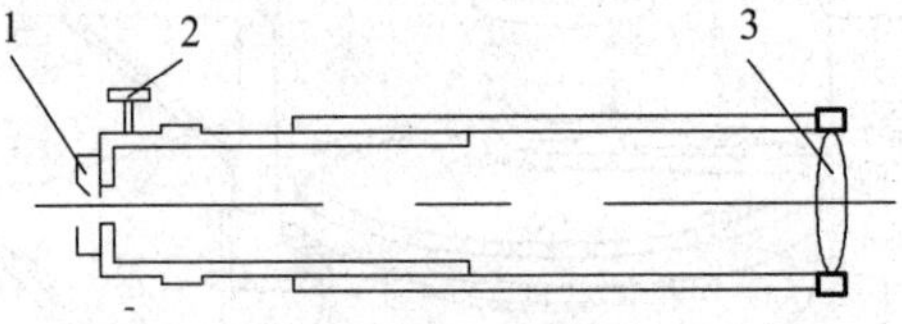

图 2.13.3　平行光管结构图

1—狭缝；2—调节缝宽螺钉；3—凸透镜

3. 载物平台

载物平台是用来放待测物件的（如三棱镜、光栅等）。

4. 读数装置

读数装置由刻度圆盘和与游标盘组成。刻度圆盘分为 360°，每度中间有半刻度线，故刻度圆盘的最小读数为半度（30′），小于半度的值利用游标读出。游标上有 30 分格，故最小刻度为 1′。分光计上的游标为角游标，但其原理和读数方法与游标卡尺类似。如图 2.13.4 所示。

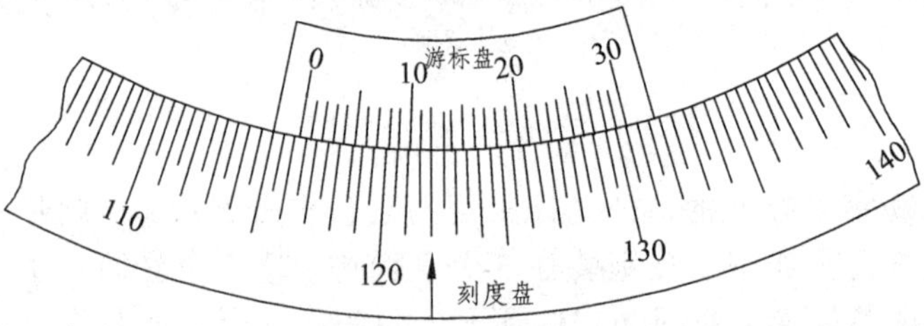

图 2.13.4　分光计的游标盘

四、实验内容

1. 分光计的调节

分光计的调节要求是：望远镜聚焦于无穷远；平行光管发出平行光；平行光管与望远镜同轴并与分光计转轴正交。调节时，首先用目视法进行粗调。使望远镜、平行光管和载物台面大致垂直于分光计转轴，然后按下述步骤和方法进行细调。

1）用自准法调节望远镜聚焦于无穷远

（1）目镜视度的调节。点亮目镜照明小灯，转动目镜视度调节手轮 11，使从目镜中能清晰地看到分划板上的黑十字叉丝。

（2）将平面镜轻轻放置在载物台上，使平面镜与望远镜主轴基本垂直。转动望远镜（或载物台）和望远镜倾斜度并观察反射回的绿十字像。然后调节望远镜的调焦手轮使目镜视场中的绿十字像清晰，且绿十字像与分划板上的叉丝间无视差，则望远镜聚焦于无穷远。

2）调节望远镜主轴垂直于仪器转轴（“各半调节法”）

接着上步调节，见图 2.13.5（a），将小“+”字像先调到分划板叉丝竖线上。此时，“+”字像距分划板最上面的一条水平线的距离为 h。分别调节望远镜倾角螺丝（图 2.13.1 中 12），和载物台下面的倾角螺丝（图 2.13.1 中 6），使“+”像向分划板最上面的一条水平线各移动 $\frac{h}{4}$ 距离，此时“+”字像距水平线为 $\frac{h}{4}$，距离缩小一半，如图 2.13.5（b）所示。

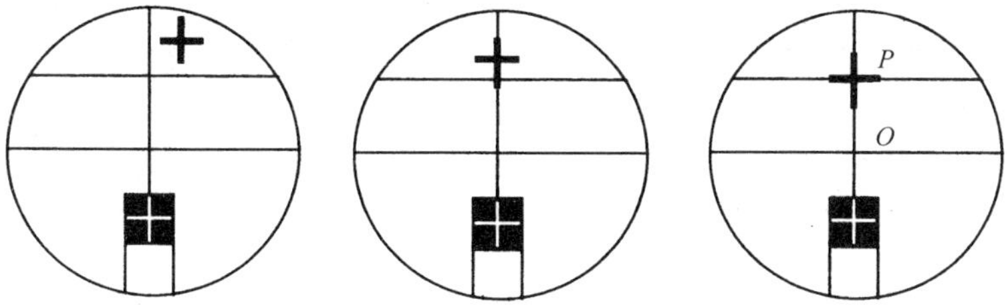

（a）　（b）　（c）

图 2.13.5　从目镜中观察到的十字叉丝

再转动载物台 180°，用平面镜的另一面对准望远镜，找到“+”字像。用此法进行调节，使“+”字像与水平线的距离缩小一半。

再次转动载物台 180°，继续调节“+”字像与水平线的距离。经过几次反复调节后，使望远镜先后对着平面镜的两面，都能看到“+”像与水平线重合，如图 2.13.5（c）所示，则望远镜的光轴就垂直于分光计的中心轴了。

3）调节准直管发出平行光且平行光管主轴与转轴垂直

（1）将已点亮的钠光灯置于狭缝前，转动望远镜，从目镜中观察到狭缝的像，调节平行光管的调焦手轮，改变狭缝与平行光管物镜之间的距离，使狭缝像最清晰，此时平行光管即发出平行光。

（2）转动狭缝体，使狭缝呈水平，调节平行光管的水平调节螺丝 25，使狭缝像与叉丝水平线重合，则平行光管与望远镜共轴，即平行光管主轴与仪器转轴垂直。为了用于测量，转回狭缝套筒，使狭缝竖直放置，复查狭缝像是否清晰。如不清晰，按（1）中要求调节。

至此，分光计已调节完毕。

2. 棱镜顶角的测定

1）自准法

将待测三棱镜置于已调好的分光计载物台上，固定载物台转轴，使望远镜分别垂直 AB 面和 AC 面，如图 2.13.6（a）所示。从左右两个读数窗口分别读出望远镜的角坐标为 $\theta_{左}$、$\theta_{右}$

和$\theta'_{左}$、$\theta'_{右}$，则望远镜的角位移 $\alpha=\frac{1}{2}[(\theta'_{右}-\theta_{右})+(\theta'_{左}-\theta_{左})]$，由几何关系可得三棱镜顶角 A 的值为

$$A=180°-\alpha=180°-\frac{1}{2}[(\theta'_{右}-\theta_{右})+(\theta'_{左}-\theta_{左})] \tag{2.13.1}$$

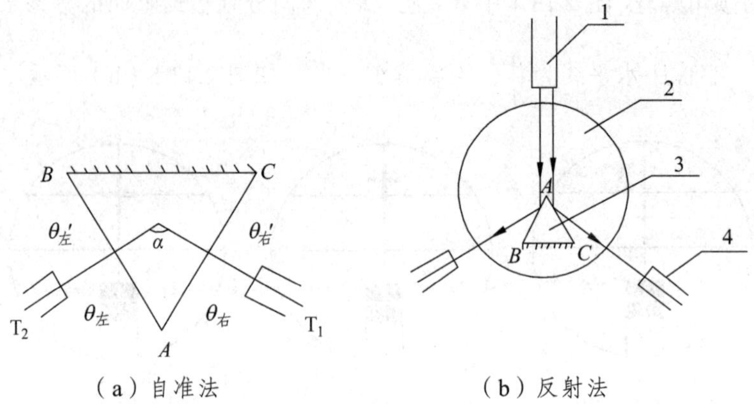

图 2.13.6　测三棱镜的顶角

1—平行光管；2—载物台；3—三棱镜；4—望远镜

2）反射法

将待测三棱镜置于载物台上，使底边 BC 与平行光管轴线垂直，顶点 A 略超过载物台中心，如图 2.13.6（b）所示，使平行光管狭缝的平行光束入射到 AB 和 AC 面上。先用目测找到反射光，然后将望远镜分别对准 AB 和 AC 面上的反射光，读出角坐标 $\theta_{左}$、$\theta'_{左}$ 和 $\theta_{右}$、$\theta'_{右}$，则顶角 A 的值为

$$A=\frac{1}{2}\cdot\frac{1}{2}[(\theta'_{右}-\theta_{右})+(\theta'_{左}-\theta_{左})] \tag{2.13.2}$$

五、数据记录和数据处理

1. 自准法测顶角 A 的测量

表 2.13.1　自准法测顶角 A

次数 i	$\theta_{左}$	$\theta_{右}$	$\theta'_{左}$	$\theta'_{右}$	$A_i=180°-\frac{1}{2}[(\theta'_{右}-\theta_{右})+(\theta'_{左}-\theta_{左})]$
1					
2					
3					

2. 反射法测顶角 A 的测量

表 2.13.2　反射法测顶角 A

次数 i	$\theta_{左}$	$\theta_{右}$	$\theta'_{左}$	$\theta'_{右}$	$A_i=\frac{1}{2}\cdot\frac{1}{2}[(\theta'_{右}-\theta_{右})+(\theta'_{左}-\theta_{左})]$
1					
2					
3					

思考题

望远镜与载物台转轴正交是分光计调节的重点。如何使望远镜与载物台转轴在各个方向上保持正交？

实验十四　迈克尔逊干涉仪的调整和使用

一、实验目的

（1）了解迈克耳逊干涉仪的特点，学会调整和使用迈克耳逊干涉仪；
（2）利用迈克耳逊干涉仪观察单色光的等倾干涉和等厚干涉图样。
（3）在等倾干涉图样下测量单色光的波长。

二、实验仪器

迈克耳逊干涉仪，氦氖激光光源。

三、实验原理

迈克尔逊干涉仪的结构如图 2.14.1 所示。它是由一套精密的机械传动系统和四片精密磨制的光学镜片装在一个很重的底座上组成的。

G_1 和 G_2 是两块厚度相同的平行平面玻璃板，它们的镜面与导轨中线成 45°角，其中 G_1 称为分光板，它的一面喷镀有一定厚度的铝膜，使照射的光线一半透射一半反射。G_2 称为补偿板。

M_1 和 M_2 是两个平面反射镜。M_2 是固定在仪器上的，称为固定反射镜。M_1 装在仪器导轨的拖板上，它的镜面法线沿着导轨的中心线，拖板由一精密丝杠带动可沿导轨前后移动，所以 M_1 镜称为移动反射镜。确定 M_1 镜的位置有 3 个读数尺：主尺是一个毫米刻度尺，装在

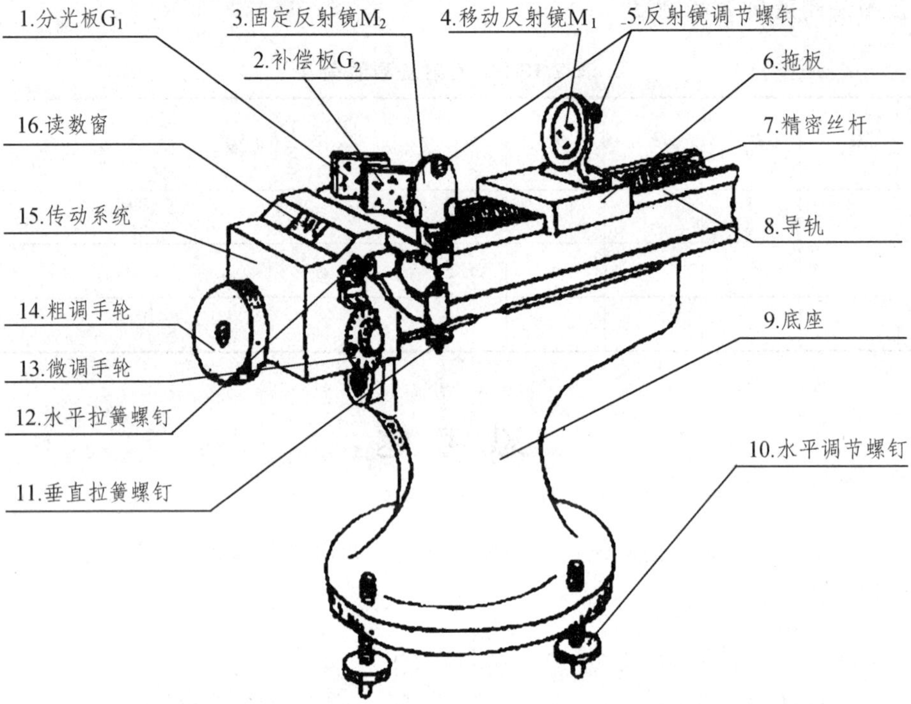

图 2.14.1　迈克尔逊干涉仪结构图

导轨的侧面，由拖板上的标志线指示毫米以上的读数；毫米以下的读数由两套螺旋测微装置示出，第一套螺旋测微装置是直接固定于丝杠上的圆刻度盘，在圆周上分成一百个刻度，从传动系统防尘罩上的读数窗口可以看到，刻度盘每转动一个分度，M_1 镜移动 0.01 mm；传动系统防尘罩的右侧有一个微动手轮，手轮上也附有一个百分度的刻度盘，微动手轮每转一个分度，M_1 镜仅移动 0.000 1 mm（即 0.1 μm），也就是说微动手轮旋转一整圈，读数窗口里的刻度盘转一个分度，微动手轮转一百圈，读数窗口里的刻度盘转一整圈，这时拖板带动反射镜 M_1 移动了 1 mm。由这套传动系统可把动镜位置读准到万分之一毫米，估计到十万分之一毫米。反射镜 M_1 和 M_2 的镜架背面各有 3 个调节螺丝，用来调节反射镜面法向的方位。为了便于更仔细地调节固定反射镜 M_2 镜面法线的方位，把 M_2 镜装在一个与仪器底座固定的悬臂杆上，杆端系有两个张紧的弹簧，弹簧的松紧可由水平拉簧螺丝和垂直簧螺丝调整，从而达到极精细地改变 M_2 镜方位的目的。整个仪器的水平由底座上的 3 个水平调节螺丝调整。

迈克耳逊干涉仪是凭借干涉条纹来精确地测定长度或长度变化的一种精密光学仪器。其特点是用分振幅的方法产生双光束而实现干涉，迈克尔逊干涉仪光路如图 2.14.2 所示。

光源的光照射到分光板 G_1，被半反射膜分成两束：一束向上反射至平面镜 M_1，形成光束①，另一束透射经补偿板 G_2 至平面镜 M_2，形成光束②。当 M_1 和 M_2 相互垂直时，被 M_1 和 M_2 反射回来的两束光正好在分光板 G_1 上相遇，经半反射膜反射后合成一束。光束①和②是从同一光源分出来的，频率相同，振动方向相同，因此形成了两束相干光源。光束①两次通过了分光板 G_1，有了附加光程，光束②也两次通过 G_2，有了形同的附加光程，所以 G_2 补偿了光束①的附加光程。因而 G_2 被称为补偿板。

消去了玻璃对光程的影响后，两束光光程的计算应只考虑光束在空气中的几何路程。为了便于分析，以分光板 G_1 为对称轴，将平面镜 M_2 投影到 M_2'，M_2' 为 M_2 的虚像。这样，平面镜 M_1 和 M_2' 构成了厚度为 d 的空气薄层。相干光束①与相干光束②在空气薄层上的干涉就是薄膜干涉。

相干光束①与相干光束②的光程差与空气薄层 d 和入射倾角 i 有关。经推导相干光束①和光束②的光程差为

$$\delta = 2nd\cos r = 2d\sqrt{n^2 - \sin^2 i} = 2d\cos i \text{（空气薄膜折射率 } n = 1\text{）} \tag{2.14.1}$$

可见，光程差 δ 受两个因素影响，一个是薄层厚度 d，另一个是入射角 i。

（1）当薄层厚度 d 不变，即 $M_1 // M_2'$，而入射角 i 变化时，干涉条纹是入射角 i（等倾角）的轨迹，即由同一级干涉条纹与一定的倾角对应，在屏幕上形成一系列明暗相间的同心圆环，这种干涉称为等倾干涉，如图 2.14.3 所示。

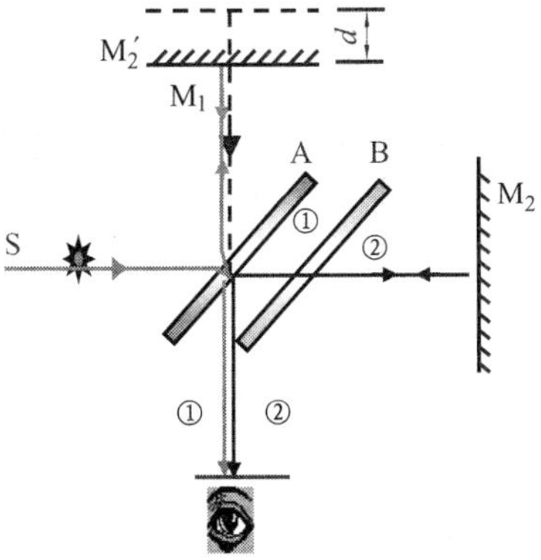

A 是分光板，B 是补偿板，M_1，M_2 是平面镜，M_2' 是 M_2 的虚像

图 2.14.2　迈克尔逊干涉

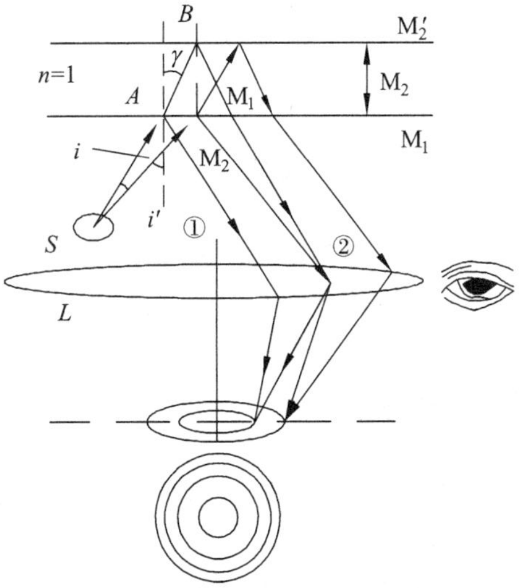

图 2.14.3　等倾干涉图样

（2）当光的入射倾角 i 不变，薄层厚度 d 变化时，干涉条纹是薄层厚度的轨迹，即由同一级干涉条纹与一定的薄层厚度 d 对应。此时，M_1 与 M_2' 形成劈尖的位置关系。屏幕上形成以一系列相互平行的略带弯曲的直条纹。这种干涉称为等厚干涉。如图 2.14.4 所示。

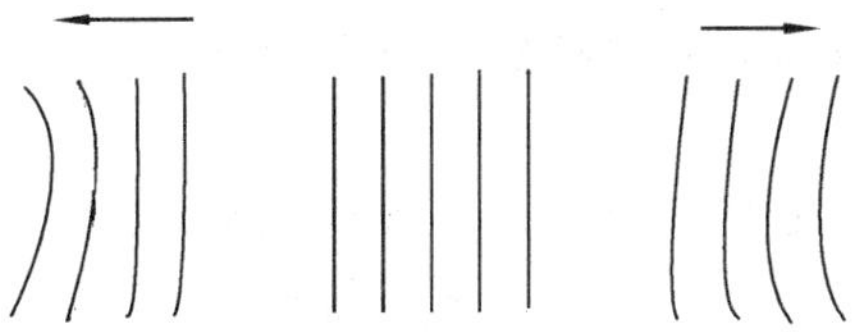

图 2.14.4　等厚干涉图样

干涉条纹的亮暗应满足下面条件：

亮条纹　　$\delta = 2d \cdot \cos i = k\lambda$　　（k = 0、1、2…）　　（2.14. 2）

暗条纹　　$\delta = 2d \cdot \cos i = (2k+1)\dfrac{\lambda}{2}$

当空气薄层厚度 d 一定时，入射角 i 越小，即越靠近中心，圆环条纹的级数 k 越高（这与牛顿环正好相反），在中心处，$i = 0$，级次最高。若这时，中心处刚好是亮斑，则有

$$\delta = 2d = k_c\lambda \tag{2.14.3}$$

由此式可得

$$2(\Delta d) = (\Delta k_c) \cdot \lambda \tag{2.14.4}$$

可见，移动 M_1 镜改变空气薄层的厚度 d 时，中心亮斑的级次 k_{M1} 也会改变。而且当中心亮斑变化一个级次（$\Delta k_{M1} = \pm 1$），即每冒出或吞没一个亮条纹，就意味着空气薄层厚度改变了（$\lambda/2$），也就是 M_1 镜移动了（$\lambda/2$）的距离。显然，当中心亮斑变化了 N 个级次（$\Delta k_{M1} = \pm N$），即冒出或吞没了 N 个亮条纹，则有

$$\Delta d = N\frac{\lambda}{2} \tag{2.14.5}$$

所以，我们只要测出 M_1 镜移动的距离 Δd（可从仪器读出），并数出冒出或吞没干涉条纹的个数 N，就可以通过上式计算出光源的波长 λ。

四、实验步骤

（1）转动手轮，将平面镜 M_1 移动到 35 mm 或 50 mm 的位置（M_2 后面有 3 个调节螺钉的，M_1 调至 35 mm；M_2 后面有 2 个调节螺钉的，M_1 调至 50 mm）。

（2）打开光源（工作电流不超过 6 mA），调节光源的高度，使光源、分光板大致在同一高度，激光正好照射到分光板的中央部分。前后移动光源，使光源以近 45°角入射分光板。经平面镜 M_1 反射到屏上，有 3 ~ 4 个光斑。经平面镜 M_2 反射到屏上也有 3 ~ 4 个光斑。紧固光源的螺钉。

（3）调节 M_1 或 M_2 镜后面的 3（两）个螺钉，使每组光斑中最亮的两个点重合。重合的瞬间光斑会闪烁。

（4）当光斑重合闪烁了，再在光源和分光板之间加上扩束镜，使光线分散，照亮整个分光板，屏幕上立刻出现等厚干涉图样或等倾干涉图样。

（5）调节水平拉簧拉丝和垂直拉簧拉丝，使等倾干涉图样和等厚干涉图样相互转换。观察等倾和等厚干涉图样。

（6）在等倾干涉图样下，旋转微动鼓轮，屏幕上的干涉图样随 M_1 镜的移动而“冒出”或“消失”。为防止空程误差，一定要同一方向旋转微动鼓轮。

（7）将一干涉条纹与屏上暗格相切，确定好每转动微动鼓轮移动 20 级干涉圆环，记下 M1 镜的位置。将数据记入表 2.14.1。

五、数据记录和数据处理

表 2.14.1

干涉环的变化级数 k_i	0	20	40	60	80
M_1 镜的位置 d_i（mm）					
干涉环的变化级数 k_i	100	120	140	160	180
M_1 镜的位置 d_i（mm）					
$\Delta d = d_{i+1} - d_{i_j}$ (mm)					
$\lambda = \dfrac{2\Delta d}{N}$（Å）					

$\lambda = \overline{\lambda} \pm \overline{\Delta\lambda} =$ 　　　　　(Å)

六、注意事项

（1）为了使测量结果正确，必须避免引入空程误差，也就是说，在调整好零点以后，应将鼓轮按原方向转几圈，直到干涉条纹开始移动以后，才可开始读数测量。为了消除螺距差（空程差），调节中，粗调手轮和微调鼓轮要向同一方向转动；测量读数时，微调鼓轮也要向一个方向转动，中途不得倒退。这里所谓“同一方向”，是指始终顺时针，或始终逆时针旋转。

（2）转动微动鼓轮时，手轮随着转动，但转动手轮时，鼓轮并不随着转动。因此在读数前应先调整零点，方法如下；将鼓轮 15 沿某一方向（例如顺时针方向）旋转至零，然后以同方向转动手轮 13 使之对齐某一刻度。这以后，在测量时只能仍以同方向转动鼓轮使 M_1 镜移动，这样才能使手轮与鼓轮二者读数相互配合。

（3）迈克耳逊干涉仪是精密的光学仪器，必须小心爱护。G_1，G_2，M_1，M_2 的表面不能用手触摸，不能任意擦拭，表面不清洁时应请指导老师处理。实验操作前，对各个螺丝的作用及调节方法，一定要弄清楚，然后才能动手操作。调节时动作一定要轻缓。

（4）测量调节中，有时会出现“空转”现象，即转动微调鼓轮而干涉图像不变的情况，这是由于微调鼓轮和粗调手轮没有同步，没有带动反射镜 M_1（动镜）移动所致。此时，将粗调手轮转动一下，再向同一方向转动微调鼓轮即可。

（5）做本实验时，要特别注意保持安静，不得大声喧哗，不得随意离开座位来回走动，以免引起振动影响本人及其他同学实验。

思 考 题

1. 怎样确定 M_1 与 M'_2 是否平行？
2. 如何将等倾干涉图样调大？
3. 在此实验中为什么微动鼓轮只能单向旋转？

实验十五　用牛顿环测透镜的曲率半径

光的干涉是光的波动性的一种表现。干涉现象在科学研究和工业技术上有着广泛的应用，如测量光波的波长，精确地测量长度、厚度和角度，检验试件表面的光洁度，研究机械零件内应力的分布以及在半导体技术中测量硅片上氧化层的厚度等。牛顿环、劈尖是其中十分典型的例子，它们属于用分振幅的方法产生的干涉现象，也是典型的等厚干涉条纹。

一、实验目的

（1）观察和研究等厚干涉现象和特点。
（2）学习用等厚干涉法测量平凸透镜曲率半径和薄膜厚度。
（3）熟练使用读数显微镜。
（4）学习用逐差法处理实验数据的方法。

二、实验仪器

测量显微镜，钠光光源，牛顿环仪，牛顿环和劈尖装置。

三、实验原理

牛顿环是一种用分振幅方法实现的等厚干涉现象。

牛顿环装置是由一块曲率半径较大的平凸玻璃透镜，将其凸面放在一块光学玻璃平板（平晶）上构成的，如图 2.15.1 所示。平凸透镜的凸面与玻璃平板之间形成一层空气薄膜，其厚度从中心接触点到边缘逐渐增加。若以平行单色光垂直照射到牛顿环上，则经空气层上、下表面反射的二光束存在光程差，它们在平凸透镜的凸面相遇后，将发生干涉。其干涉图样是以玻璃接触点为中心的一系列明暗相间的同心圆环，中央是暗斑，内疏外密，称为牛顿环干涉图样，如图 2.15.2 所示。

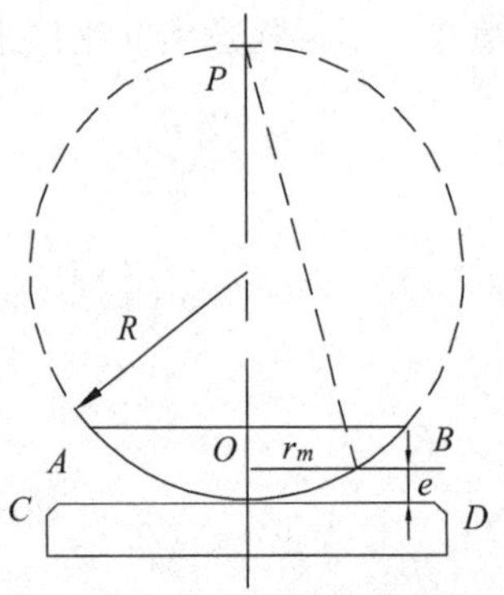

图 2.15.1　牛顿环装置

图 2.15.2　牛顿环干涉图样

由于同一干涉环上各处的空气层厚度是相同的，因此称为等厚干涉。

与 k 级条纹对应的两束相干光的光程差为

$$\Delta = 2e + \frac{\lambda}{2} \tag{2.15.1}$$

式中，e 为第 k 级条纹对应的空气膜的厚度；$\frac{\lambda}{2}$ 为半波损失。

由干涉条件可知，当 $\Delta=(2k+1)\frac{\lambda}{2}$（$k=0$，1，2，3…）时，干涉条纹为暗条纹，即

$$2e + \frac{\lambda}{2} = (2k+1)\frac{\lambda}{2}$$

得

$$e = \frac{1}{2}k\lambda \tag{2.15.2}$$

设透镜的曲率半径为 R，与接触点 O 相距为 r 处空气层的厚度为 e，由图 2.15.1 所示几何关系可得

$$R^2 = (R\text{-}e)^2 + r_m^2$$

得

$$r_m^{\ 2} = (2R - e)e$$

由于 $R>>e$，则 e^2 可以略去，得

$$r_m^{\ 2} = 2Re \tag{2.15.3}$$

由（2.15.2）和（2.15.3）式可得第 m 级暗环的半径为

$$r_m^{\ 2} = kR\lambda \tag{2.15.4}$$

式中 m 表示暗环的级数。

由（2.15.4）式可知，如果单色光源的波长 λ 已知，只需测出第 m 级暗环的半径 r_m，即可算出平凸透镜的曲率半径 R；反之，如果 R 已知，测出 r_m 后，就可计算出入射单色光波的波长 λ。但是由于平凸透镜的凸面和光学平玻璃平面不可能是理想的点接触，接触压力会引起局部弹性形变，使接触处成为一个圆形平面，干涉环中心为一暗斑；或者空气间隙层中有尘埃等因素的存在使得在暗环公式中附加了一项光程差，为消除附加光程带来的系统误差，取两个暗环直径的平方差来消除它，例如第 m 环和第 n 环，对应直径为 D_m 和 D_n，代入（2.15.4）式，两式相减可得

$$D_m^{\ 2} - D_n^{\ 2} = 4(m-n)\lambda R$$

所以透镜的曲率半径为

$$R = \frac{D_m^{\ 2} - D_n^{\ 2}}{4(m-n)\lambda} \tag{2.15.5}$$

由上式可知，只要测出 D_m 和 D_n 的值，就能算出 R 或 λ。

读数显微镜的结构如图 2.15.3 所示。

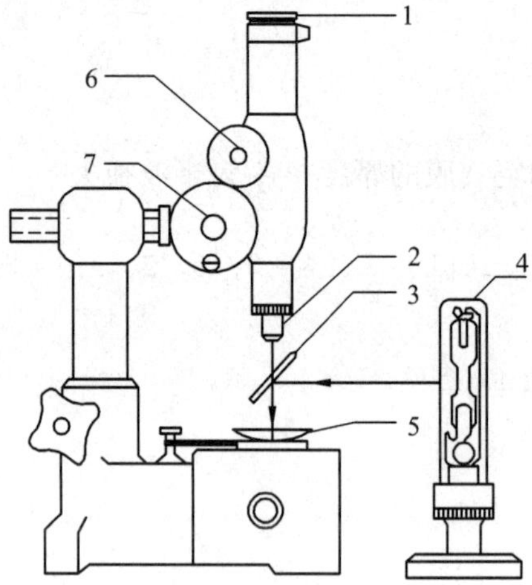

图 2.15.3 读数显微镜结构图

1—目镜；2—物镜；3—反射镜；4—钠光源；5—牛顿环；6—调焦手轮；7—测微读数鼓轮

四、实验内容及步骤

（1）点燃钠光灯，使其正对读数显微镜物镜的反射镜。

（2）调节读数显微镜。

① 调节反射镜：使显微镜视场中亮度最大。调节目镜，使分划板上的十字刻线清晰可见，无视差，并转动目镜，使十字刻线的两线分别呈水平和竖直状态。

② 关闭反射镜，使光线不能由下至上反射，这时视场黑暗。

（3）调节反射镜，略成 45°角，使水平射来的光线经反射镜后向下照射到载物台上。在 45°角的位置附近来回转动反射镜，当视场明亮时，保持反射镜位置不变。

（4）将牛顿环置于载物台上，上下调节调焦手轮，立刻能观察到牛顿环的干涉图样。

（5）观察条纹的分布特征。各级条纹的粗细是否一致，条纹间隔是否一样，并做出解释。观察牛顿环中心是亮斑还是暗斑，若为亮斑，如何解释？

（6）测量暗环的直径。转动读数显微镜读数鼓轮，同时在目镜中观察，使十字刻线由牛顿环中央缓慢向一侧移动至 25 环然后退回第 22 环，自第 22 环开始单方向（以防止空程误差）移动十字刻线，每移动一环记下相应的读数直到第 18 环，然后再从同侧第 7 环开始记到第 3 环；穿过中心暗斑，从另一侧第 3 环开始依次记到第 7 环，然后从第 18 环直至第 22 环。并将所测数据记入数据表格 2.15.1 中。

五、注意事项

（1）牛顿环仪、劈尖、透镜和显微镜的光学表面不清洁，要用专门的擦镜纸轻轻揩拭。

（2）读数显微镜的测微鼓轮在每一次测量过程中只能向一个方向旋转，中途不能反转。

（3）当用镜筒对待测物聚焦时，为防止损坏显微镜物镜，正确的调节方法是使镜筒移离待测物（即提升镜筒）。

六、数据记录及处理

表 2.15.1 用牛顿环测透镜的曲率半径 $\lambda = 5\,893$ Å（1 Å = 1×10^{-7}mm）

级 数	m_i	18	19	20	21	22
位置（mm）	左					
	右					
直径（mm）	D_{mi}					
级 数	n_i	3	4	5	6	7
位置（mm）	左					
	右					
直径（mm）	D_{ni}					
$D_m^2 - D_n^2$						
透镜曲半径（mm）	R					

$R = \overline{R} \pm \overline{\Delta R}$ （mm）

思 考 题

1. 牛顿环干涉条纹形产生的条件是什么？
2. 牛顿环干涉条纹的中心在什么情况下是暗的？什么情况下是亮的？
3. 分析牛顿环相邻暗（或亮）环之间的距离（靠近中心的与靠近边缘的大小）。
4. 为什么说测量显微镜测量的是牛顿环的直径，而不是显微镜内被放大了的直径？若改变显微镜的放大倍率，是否影响测量的结果？
5. 如何用等厚干涉原理检验光学平面的表面质量？

实验十六 超声声速的测定

声波是一种可在气体、液体和固体等弹性介质中传播的一种机械纵波。根据声波的频率大小，通常我们把频率小于 20 Hz 的声波称为次声波，频率在 20 ~ 200 00 Hz 的声波称为可闻声波，频率超过 200 00 Hz 的声波称为超声波。超声波由于具有波长短，易于发射等优点，使其在定位、探伤、测距、测厚、测材料弹性模量等方面得到了广泛应用。本实验测量超声波在空气中的传播速度。

一、实验目的

（1）了解超声波产生和接收的原理。
（2）掌握超声声速在空气中的测量方法。熟悉信号发生器和示波器的使用。
（3）了解驻波和振动合成理论。

二、实验仪器

超声声速测定仪（包括两个压电换能器和游标卡尺）、信号发生器、示波器等。

三、实验原理

超声声速的发射和接收一般是通过电磁振动与机械振动的相互转换来实现的，最常见的是利用压电换能器实现声压和电压间的相互转换。本实验就是利用了这种方法（见本实验的“附压电换能器”）。

由于声速 v、频率 f 和波长 λ 之间的关系为

$$v = f\lambda \tag{2.16.1}$$

由式（2.16.1）可知，测得声波的频率 f 和波长 λ，就可求得声速 v。其中声波频率 f 可通过频率计测得，本实验的主要任务是测出声波波长 λ。常用的方法有共振干涉法（驻波法）和相位比较法（行波法）。

1. 共振干涉法（驻波法）

实验装置如图 2.16.1 所示，图中 S_1 和 S_2 为压电陶瓷超声换能器。S_1 作为超声波发射端，低频信号发生器发出的正弦交变电压信号接到换能器 S_1 上，使 S_1 发出声波，S_2 作为超声波接收端，把接收到的声压转换成交变的正弦电压信号后输入示波器观察，S_1 在接收超声波的同时还反射一部分超声波。这样，由 S_1 发出的超声波和由 S_2 反射的超声波在 S_1 和 S_2 之间的区域产生干涉，从而形成驻波。

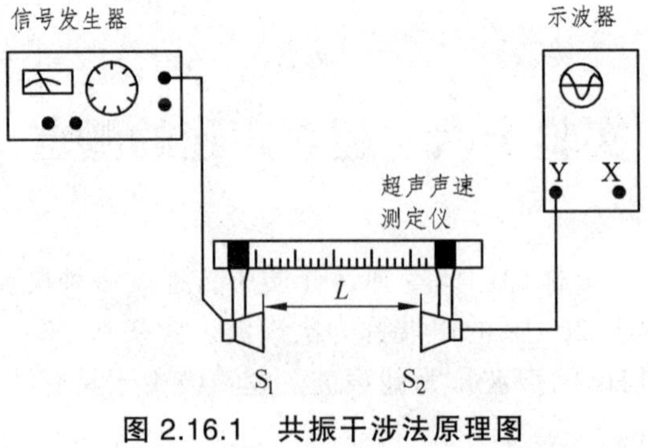

图 2.16.1　共振干涉法原理图

根据波动理论，由 S_1 发出的平面超声波的波动方程为

$$y_1 = A_1\cos\left(\omega t - \frac{2\pi}{\lambda}x\right) \tag{2.16.2}$$

通过 S_2 反射回的反射波的波动方程为

$$y_2 = A_2\cos\left(\omega t + \frac{2\pi}{\lambda}x\right) \tag{2.16.3}$$

式中，A_1，A_2 为声波振幅，ω 为角频率，$2\pi x/f$ 为初相位。

当 $A_1 = A_2 = A$ 时，则介质中某一位置的合振动方程为

$$y = y_1 + y_2 = \left(2A\cos\frac{2\pi}{\lambda}x\right)\cos\omega t \tag{2.16.4}$$

上式即为驻波方程。

当 $\left|\cos\frac{2\pi}{\lambda}x\right| = 1$，即 $\frac{2\pi}{\lambda}x = k\pi$ 时，在 $x = k\cdot\left(\frac{\lambda}{2}\right)$，$k = (0,1,2,\cdots)$ 的位置上，声振振幅最大，称为波腹。

当 $\left|\cos\frac{2\pi}{\lambda}x\right| = 0$，即 $\frac{2\pi}{\lambda}x = (2k+1)\frac{\pi}{2}$ 时，在 $x = (2k+1)\left(\frac{\lambda}{4}\right)$，$k = (0,1,2,\cdots)$ 的位置上，声振振幅最小，称为波节。

由上述讨论可知，相邻波腹（或波节）的距离为 $\frac{\lambda}{2}$。

一个振动系统，当波源的频率接近系统固有频率（本实验中为压电陶瓷固有频率）时，系统的振幅将达到最大，通常称为共振。驻波场可看作一个振动系统，当信号发生器的激励频率等于驻波系统固有频率时，产生驻波共振，声波波腹处的振幅达到相对最大值。当驻波系统偏离共振状态时，驻波的形状不稳定，且声波波腹的振幅比最大值小得多。

驻波系统的固有频率不仅与系统的固有性质有关，而且还取决于边界条件，在声速实验中，S_1、S_2 即为边界条件。在图 2.16.1 装置条件下，当 S_1 和 S_2 之间的距离 L 恰好等于半波长的整数倍时，两端面间将形成驻波，即

$$L = n\frac{\lambda}{2} \quad (n = 1,\ 2,\ \cdots) \tag{2.16.5}$$

此时在示波器上将观察到信号的幅度较大，如果不满足（2.16.5）式条件时，信号的幅度较小。因此在实验中，需要仔细调节信号发生器频率，可找到信号幅度相对最大的状态，即驻波共振态，系统此时的频率为其共振频率。对某一特定波长，可以有一系列的 L 值满足（2.16.5）式，所以在移动 S_2 的过程中，驻波系统也相继经历了一系列的共振态。由（2.16.5）式可知，任意两个相邻的共振态之间的距离，即 S_2 所移动的距离为

$$\Delta L = L_{n+1} - L_n = (n+1)\frac{\lambda}{2} - n\frac{\lambda}{2} = \frac{\lambda}{2} \tag{2.16.6}$$

所以当 S_1 和 S_2 之间的距离 L 连续改变时，示波器上的信号幅度每一次周期性变化，相当于

S_1 和 S_2 之间的距离改变了 $\frac{\lambda}{2}$。此距离 $\frac{\lambda}{2}$ 可由声速测定仪测得，频率 f 由信号发生器读得。根据（2.16.1）式可求得声速。

2. 相位比较法(行波法)

实验装置如图 2.16.2 所示，S_1 接低频信号发生器，信号发生器还要与示波器的 X 端相连接，S_2 接示波器的 Y 端。当 S_1 发出的平面超声波通过媒质到达接收器 S_2 时，在发射波和接收波之间产生相位差

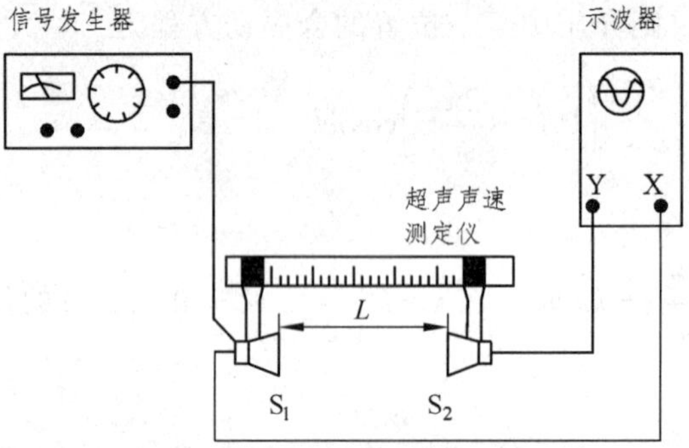

图 2.16.2 相位比较法原理图

$$\Delta\phi = \phi_2 - \phi_1 = 2\pi\frac{L}{\lambda} = 2\pi f\frac{L}{v} \tag{2.16.7}$$

因此，可以通过测量 $\Delta\varphi$ 来求得声速。

$\Delta\varphi$ 的测定可用相互垂直振动合成的李萨如图形（图 2.16.3）来进行。设输入 X 轴的入射波振动方程为

$$x = A_1\cos(\omega t + \varphi_1) \tag{2.16.8}$$

输入 Y 轴而由 S_2 接收到的波动的振动方程为

$$y = A_2\cos(\omega t + \varphi_2) \tag{2.16.9}$$

在（2.16.8）、（2.16.9）式中，A_1 和 A_2 分别为 X、Y 方向振动的振幅；ω 为角频率；φ_1、φ_2 分别为 X、Y 方向振动的初相位。则合成振动动方程为

$$\frac{x^2}{A_1^2} + \frac{y^2}{A_2^2} - \frac{2xy}{A_1A_2}\cos(\varphi_2 - \varphi_1) = \sin^2(\varphi_2 - \varphi_1) \tag{2.16.10}$$

此方程轨迹为椭圆，椭圆长短轴和方位由相位差 $\Delta\phi = \phi_2 - \phi_1$ 决定。当 $\Delta\phi = 0$ 时，由（2.16.10）式得 $y = \frac{A_2}{A_1}x$，即轨迹为处于第一和第三象限的一条直线；当 $\Delta\phi = \frac{\pi}{2}$ 时，得 $\frac{x^2}{A_1^2} + \frac{y^2}{A_2^2} = 1$，则轨迹为以坐标轴为主轴的椭圆；当 $\Delta\phi = \pi$ 时，得 $y = -\frac{A_2}{A_1}x$，则轨迹为处于第二和第四象限的一条直线。改变 S_2 和 S_1 之间的距离 L，相当于改变了发射波和接收波之间的

相位差，荧光屏上的图形也随 L 不断变化。显然，每改变半个波长的距离 $\Delta L=\frac{\lambda}{2}$，则 $\Delta\phi=\pi$。随着振动的位相差从 $0\sim\pi$ 的变化，李萨如图形从斜率为正的直线变为椭圆，再变到斜率为负的直线。因此，每移动半个波长，就会重复出现斜率符号相反的直线。测得了波长 λ 和频率 f，根据（2.16.1）式即可计算出室温下声波在空气中的传播速度。

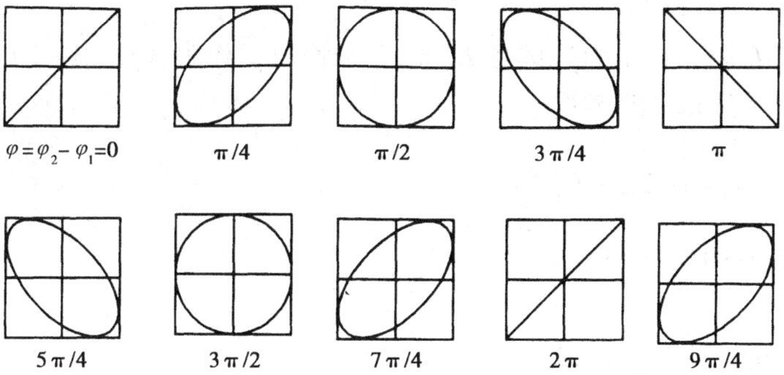

图 2.16.3　李萨如图形

四、实验内容

1. 共振干涉法（驻波法）

（1）按图 2.16.1 接线，信号发生器的信号输出端与发射换能器 S_1 连接，S_2 与示波器的 Y 输入端连接。

（2）使 S_1 与 S_2 的端面尽量保持平行。

（3）接通各仪器电源，使 S_1 和 S_2 相距 2 cm 左右，在 39 ~ 41 kHz 范围内仔细调节信号发生器的输出信号频率，使发射换能器处于共振状态，此时示波器上出现的正弦波的振幅为最大，此时的频率为共振频率。

（4）由近而远地移动 S_2，增大 S_1 与 S_2 之间的距离，观察示波器上波形振幅的周期性变化。选择一个振幅的极大值位置作为测量的起点 L_1，移动 S_2，逐一记下 L_2、L_3，…，L_{10} 等 10 个振幅为极大值的位置读数。由于声波在空气中衰减较大，其振幅随 S_2 远离 S_1 而显著变小，可将示波器的 Y 轴衰减调小，使实验能继续下去。

（5）在读各 L_i 时，记录下对应的 f_1、f_2，…，f_{10}，以其平均值 $\overline{f}$ 作为式（2.16.1）中的频率。

（6）用逐差法计算超声波波长，即

$$\lambda=\frac{2}{5}\left|L_{i+5}-L_i\right| \quad (i=1,\ 2,\ \cdots,\ 5)$$

（7）记下实验时的室温 t °C。

2. 相位比较法（行波法）

（1）按图 2.16.2 接好线路。信号发生器的信号输出端与发射换能器 S_1 连接，接收换能器 S_2 与示波器 Y 输入端连接，同时也把信号发生器的信号输出端与示波器的 X 输入端连接。

（2）适当调节信号发生器的频率和幅度（与共振干涉法相同），使换能器在共振状态下工作。调整示波器使荧光屏上显示椭圆或斜直线的李萨如图形。

（3）由近而远地移动 S_2，改变 S_2 与 S_1 之间的距离，观察示波器上李萨如图形的周期性变化。以图形为斜直线时作为起点，连续记下 10 次图形为斜直线时的位置读数 L_i，这是满足 $\Delta\varphi = 2\pi\frac{L_i}{\lambda} = (i-1)\pi$ 时 S_2 的位置（$i = 1, 2, \cdots, 10$）。

（4）在读取各 L_i 时，记下对应的各 f_i，以其平均值 $\overline{f}$ 作为式（2.16.1）中的频率。

（5）用逐差法计算超声波波长

$$\lambda_i = \frac{2}{5}\left|L_{i+5} - L_i\right| \quad (i = 1, 2, 3\cdots)$$

（6）记下实验时的室温 t °C。

五、实验数据记录及处理

1. 共振干涉法（驻波法）

（1）数据记录表格如表 2.16.1 所示。

表 2.16.1　共振干涉法测声速记录表　　　环境温度 $t =$　　°C

测量次数 k	卡尺读数 L（mm）	发射频率 f_i（kHz）	超声声速 v（$m\cdot s^{-1}$）	测量次数 k	卡尺读数 L（mm）	发射频率 f_i（kHz）	超声声速 v（$m\cdot s^{-1}$）
1				6			
2				7			
3				8			
4				9			
5				10			

（2）用逐差法处理数据，算出用共振干涉法测得的超声波波长的平均值 $\overline{\lambda}$ 及其绝对误差 $\overline{\Delta\lambda}$，计算谐振频率的平均值 $\overline{f}$ 及其绝对误差 $\overline{\Delta f}$，然后算出超声波平均声速 $\overline{v} = \overline{f}\lambda$ 和绝对误差 $\overline{\Delta v}$，写出超声声速 $v = \overline{v} \pm \overline{\Delta v}$ 的表达式。

（3）按理论值公式 $v_s = v_0\sqrt{\frac{T}{T_0}}$ 算出超声声速的理论值 v_s。式中 v_0 为 $T_0 = 273.15$ K 时的声速，其值为 $v_0 = 331.45$ m/s，$T = t + 273.15$ K。

（4）将 $\overline{v}$ 和 v_s 比较，用百分误差表示，即 $E = \frac{\left|\overline{v} - v_s\right|}{v_s}$，并分析产生误差的主要原因。

2. 相位比较法(行波法)

与共振干涉法完全相似，表格自拟，且作类似数据处理。

六、注意事项

（1）换能器的发射面和接收面应尽量保持平行。

（2）在实验过程中要保持激励功率输出不变。

思考题

1. 为什么换能器要在谐振条件下测定声速？怎样调整谐振频率？

2. 是否可用本实验的方法测定超声波在其他媒质（为液体和固体）中的传递速度？如何进行？

3. 声速测量中的共振干涉法和相位比较法有何异同？

4. 两列波在空间相遇时产生驻波的条件是什么？如果发射面 S_1 与接收面 S_2 不平行，结果会怎样？

[附]　压电换能器

利用压电材料的压电现象制成的换能器叫压电换能器。压电陶瓷换能器由压电陶瓷片和轻重两种金属组成，在一定温度下经极化处理后（即在一个方向上加直流强电场处理），便具有了压电效应。加电场的方向就是极化方向。在最简单的情况下，压电材料受到与极化方向一致的应力 F 时，在极化方向上便产生一定的电场强度 E，它们之间有一简单的线性关系 $E=\ gF$。反之，当与极化方向一致的外加电压 U 加在压电材料上时，材料的伸缩形变 S 与电压 U 也有线性关系 $S=\ dU$，比例系数 g、d 称为压电常数，它与材料的性质有关。由于 E、F、S、U 之间具有简单的线性关系，因此，我们就可以将正弦的交流信号变成压电材料纵向长度的伸缩——成为声波的波源。同样，也可以使声压变化转变为电压的变化，以便于接收信号。

压电陶瓷片的谐振频率一般是较高的，而且与其厚度成反比。假如要得到谐振频率为 50 kHz 以下的振子，则沿其极化方向的厚度要在 4 cm 以上，这样厚的振子，内部阻抗太高，而且烧结和极化工艺都较困难，因此设计成组合换能器。如图 2.16.4 所示。用两只同形的压电片将其同极性的端面贴在一起，在此压电片组两端胶粘两块金属构成夹芯型振子。整个振子的厚度等于基波的半波长，这样就能大大降低谐振频率。如果头部用轻金属（如铝材）做成喇叭状；尾声部用重金属（如铜、钢等），中部是压电陶瓷圆环组合体，中间用螺钉穿过，将三部分牢固连在一起，那么这种结构就能增大辐射面积，增强振子与波媒质的耦合作用，增大辐射面的振幅与发射功率，且波幅射方向性好。

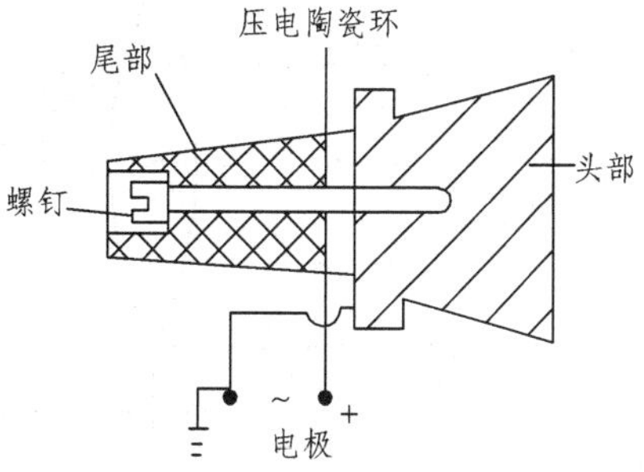

图 2.16.4　压电陶瓷超声组合换能器

实验十七　透镜焦距的测定

透镜和透镜组合是光学仪器中最基本的元件，透镜的焦距能反映出透镜的主要性能。在成像光仪器中，如显微镜、望远镜、照相机等许多这类仪器都是不同焦距的透镜组合。因此透镜焦距是设计这类光学仪器的主要参量。

一、实验目的

（1）掌握凸透镜和凹透镜的光学性质。
（2）学会用共轭法测量凸透镜的焦距。

二、实验仪器

JZ-2 型光具座，光源，三角形小孔（物），观察屏，凸透镜，凹透镜。

三、实验原理

1. 薄透镜成像规律

当透镜的厚度与其两折射球面的曲率半径相比可以忽略时，可视该透镜为薄透镜。薄透镜一般有凸透镜和凹透镜两种。凸透镜具有使光线会聚的作用。当一束平行于透镜主光轴的光线通过透镜时，将会聚于主光轴上，会聚点 F 称为该凸透镜的焦点，透镜光心 O 到焦点 F 的距离称为该凸透镜的焦距 f，如图 2.17.1（a）所示。凹透镜具有使光线发散的作用。当一束平行于透镜主光轴的光线通过凹透镜时，成为发散光束，发散后的反向延长线交于一点 F'，称为该凹透镜的焦点，焦点到光心的距离就是该凹透镜的焦距 f'，如图 2.17.1（b）所示。

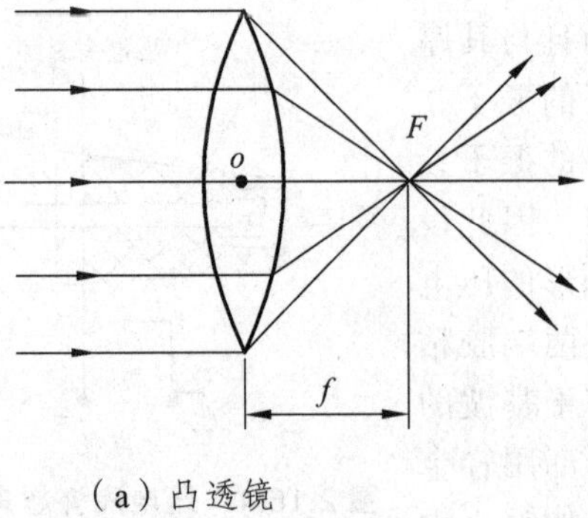

（a）凸透镜

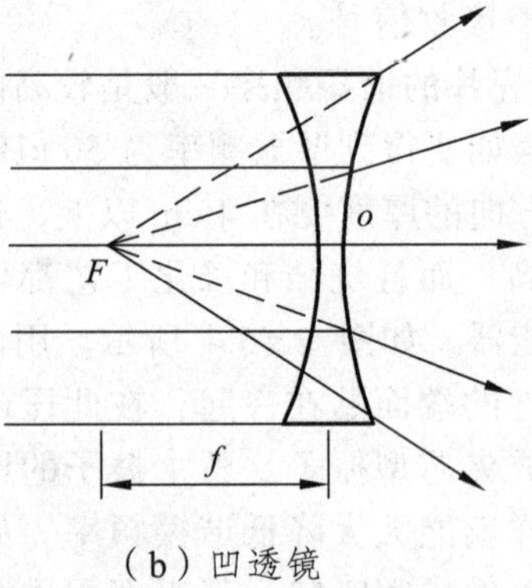

（b）凹透镜

图 2.17.1　透镜的焦点和焦距

在近轴光线（指通过透镜中心并与主轴成很小夹角的光束）的条件下，薄透镜（包括凸透镜和凹透镜）成像的规律可表示为

$$\frac{1}{u}+\frac{1}{v}=\frac{1}{f} \tag{2.17.1}$$

式中 u 为物距，v 为像距，f 为焦距，u、v 和 f 均从透镜的中心算起。物距 u 恒取正值，像距 v 的正负由像的实虚来决定。实像时，v 为正；虚像时，v 为负。凸透镜的 f 取正值；凹透镜的 f 取负值。为了便于计算，式（2.17.1）也可改为

$$f=\frac{uv}{u+v} \tag{2.17.2}$$

2. 薄透镜焦距的测量原理

1）测凸透镜的焦距

（1）粗测法。当物距为无穷远时，通过透镜成像在此透镜的焦平面上。例如通过透镜看窗外较远的景物、调整眼睛与透镜之间的距离，直到景物清晰为止，人眼到透镜的距离即为此凸透镜的焦距。这种方法的测量误差大约为 10%左右，可作为透镜焦距的粗略估计。

（2）物距像距法。这是大家很熟悉的方法，只要测出物距 u、像距 v，由（2.17.2）式就可以算出 f。

（3）自准直法。用屏上“1”字矢孔作为发光物，放在凸透镜的前焦面上，它发出的光线经凸透镜后变为不同方向的平行光，用一与主光轴垂直的平面镜反射回去，再经透镜会聚到矢孔屏上时，是一个与原物大小相等的倒立实像。它位于透镜的前焦面上，测出物屏与透镜光心的距离即为透镜的焦距，如图 2.17.2 所示。

物距像距法和自准直法测透镜的焦距时，都必须考虑如何确定光心的位置，光心的含义是：光线从各个方向通过透镜中的一点而不改变方向，这点就是该透镜的光心，透镜的光心一般与它的几何中心不重合，因而光心的位置不易确定，所以上述两种方法用来测定透镜焦距是不够准确的，误差 1% ~ 5%。

（4）二次成像法（共轭法，贝塞尔法）。如图 2.17.3 所示，取矢孔屏与观察屏的间距 $D>4f$，并在实验中保持不变，将凸透镜从矢孔屏向观察屏移动，屏上会出现一个清楚的放大像，这时的物距为 u，像距为 $D-u$，由式（2.17.1），有

$$\frac{1}{u}+\frac{1}{D-u}=\frac{1}{f} \tag{2.17.3}$$

凸透镜再向前移动距离 d，屏上又会出现一个清楚的缩小像。此时物距为 $u+d$，像距为 $D-u-d$。由式（2.17.1），有

$$\frac{1}{u+d}+\frac{1}{D-u-d}=\frac{1}{f} \tag{2.17.4}$$

两式的右边相等，得到两式的左边相等，解出

$$u=\frac{D-d}{2} \tag{2.17.5}$$

将式（2.17.5）代入式（2.17.3），得

$$f=\frac{D^2-d^2}{4D} \tag{2.17.6}$$

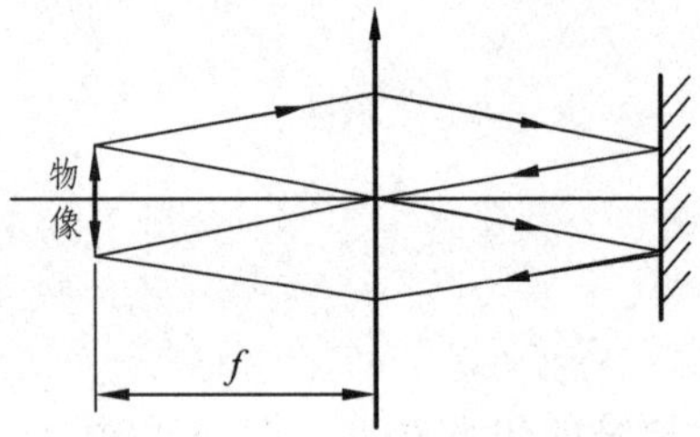

图 2.17.2　自准直法测焦距

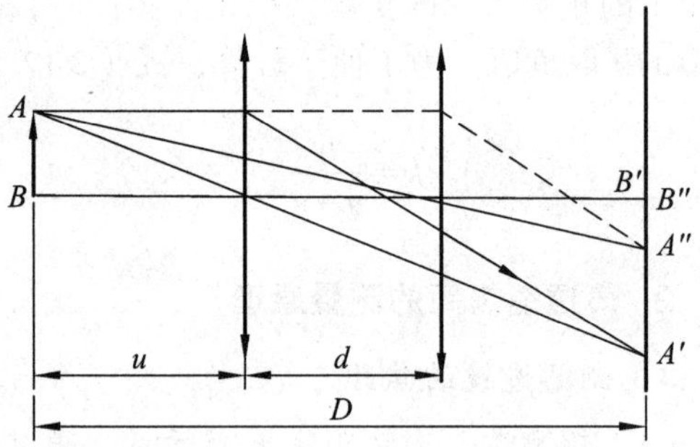

图 2.17.3　二次成像法测焦距

这个方法的优点是避免了测量 u 和 v 时光心估计不能带来的误差，D 和 d 可以测得比较准确。这个方法的误差为 1%左右。

2）测凹透镜的焦距

凹透镜为发散透镜，不能对实物成像。如图 2.17.4 所示，用带“1”字矢孔屏作发光物 AB，先使 AB 发出的光线经凸透镜 L_1 后形成实像 $A'B'$，在 L_1 与实像 $A'B'$ 之间放入待测凹透镜 L_2，此时 L_2 的虚物 $A'B'$ 在同一侧产生一实像 $A''B''$。设 u 为虚物的物距，v 为像距，则凹透镜的焦距为

$$f=-\frac{uv}{u-v} \tag{2.17.7}$$

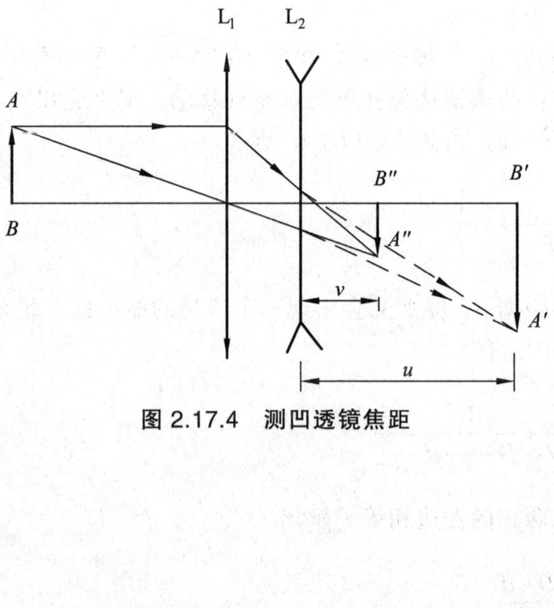

图 2.17.4　测凹透镜焦距

四、实验内容

1. 共轴调节

只有当各光学元件［如光源、发光物（矢孔屏）、透镜等］的主光轴重合时，薄透镜成像

公式在近轴光线的条件下才能成立。习惯上称各光学元件主光轴重合为“共轴”。调节“共轴”的方法一般是先粗调后细调。

1）粗调

将各光学元件（光源、发光物、透镜、观察屏）放置于导轨上，用眼睛观察，使物、屏和光源的中心与透镜的中心大致在一条与导轨平行的直线上。

2）细调

利用共轭法的成像规律进一步调整。取光源矢孔与观察屏之间的距离 $D>4f$，如图 2.17.3 所示，放上凸透镜。移动凸透镜的位置，当物距小时成大像 $A'B'$，物距大时成小像 $A''B''$。先调像（特别是小像）的成像质量：如果像的上（或下）部模糊，则调光源或矢孔屏的高低，使上下部都有一些模糊，再将灯泡移远；如果像的一侧模糊，则调光源或矢孔屏的横向移动，使像的两侧都有一些模糊，再将灯泡移远。像的清晰与否主要看矢孔屏中的一根金属丝是否清楚。再调两像的中心等高；调好小像，用橡皮筋套在中心作记号；再调好大像，调光源的水平仰角和凸透镜高低使橡皮筋平分大像高度；再一次调小像，用橡皮筋平分小像高……这样重复两三次即可。放上凹透镜，如图 2.17.4 所示，调凹透镜高低，使所成像被橡皮筋上、下平分。

2. 测凸透镜的焦距

1）粗测凸透镜的焦 8DDD

在实验室保留一盏日光灯。小心取下凸透镜，接近桌面，找到日光灯的像，用直尺大致测量凸透镜至像的位置，即凸透镜的焦距。

2）用共轭法测凸透镜的焦距

（1）用粗测的方法得到 f 后，取物与屏的距离大于 4 倍焦距（$D>4f$），固定物与屏的距离 D（D 尽量小些）。

（2）移动凸透镜的位置，在屏上形成缩小的倒立实像，记下凸透镜的位置 x_1。

（3）再移动凸透镜的位置，在屏上形成放大的倒立实像，记下凸透镜的位置 x_2。则 $d=|x_1-x_2|$。

（4）利用公式（2.17.6）计算焦距 f。

（5）重复测量 5 次填入表 2.17.1。

3. 用物距像距法测凹透镜焦距

（1）先在光源与观察屏之间放置一已知焦距的凸透镜，使其成像并记录像的位置。

（2）再置待测凹透镜于凸透镜与观察屏之间，缓慢移动观察屏或凹透镜至呈现清晰像为止，记录此时凹透镜的位置与成像的位置。

（3）参照图 2.17.4 所示测量物距 u，像距 v 后，代入式（2.17.7）计算焦距 f。

（4）改变凸透镜的位置，重复（1）、（2）步骤，求出焦距的平均值。

五、数据记录及数据处理

1. 共轭法测凸透镜焦距

表 2.17.1　测凸透镜焦距

测量次数	凸透镜的第一次位置 x_1（cm）	凸透镜的第二次位置 x_2（cm）	$d=\|x_1-x_2\|$（cm）	$\overline{d}$	$\overline{\Delta d}$
1					
2					
3					
4					
5					

$d=\overline{d}\pm\overline{\Delta d}=$　　　　（cm）

$\overline{f}=\dfrac{D^2-(\overline{d})^2}{4D}=$　　　　（cm）

$\delta_f=2\delta_d=$　　　　（相对误差，保留两位有效数字）

$\overline{\Delta f}=\overline{f}\times\delta_f=$　　　　（绝对误差，保留一位有效数字）

$f=\overline{f}\pm\overline{\Delta f}=$　　　　（cm）

2. 物像法测凹透镜的焦距

表 2.17.2　测凹透镜的焦距

项目 / 次数	凹透镜的位置 x_0（cm）	凸透镜的位置 x_1（cm）	最后成像的位置 x_2（cm）	物距 $u=x_2-x_0$（cm）	像距 $u=x_1-x_0$（cm）	焦距 f（cm）
1						
2						
3						

$f=\overline{f}\pm\overline{\Delta f}=$　　　　（cm）

六、注意事项

（1）使用光学元件时要轻拿、轻放，避免元件受振和碰撞。
（2）任何时候不能用手接触光学表面（如透镜的镜面），只能接触透镜的侧面。

（3）光学表面被玷污时，不能自行处理，应在教师的指导下进行处理。

思 考 题

1. 本实验介绍的几种测量凸透镜焦距的方法，哪一种方法比较好？为什么？

2. 自准直法测凸透镜的焦距时，当物屏与凸透镜间距小于 f 时，能否在屏上成像？此像能否认可？

3. 物距不同时，像的清晰范围是否相同？

实验十八　物体密度的测定

密度是物质的基本特性之一，它与物质的纯度有关。在生产和科学实验中，为了对材料进行成分分析和纯度鉴定，就需要测定材料的密度。测定密度的方法很多，本实验介绍质量体积法和流体静力称衡法。

一、实验目的

（1）掌握游标尺、螺旋测微计、物理天平的原理、结构、读数方法和使用方法。
（2）学会用有效数字及误差知识记录和处理数据，并正确表示测量结果。
（3）学会用有效数字及误差知识记录和处理数据，并正确表示测量结果。

二、实验仪器

游标尺、螺旋测微计、物理天平、测试计、烧杯、待测圆柱体、待测不规则物体。

三、实验原理

1. 质量体积法测固体的密度

密度是指在某一温度时物体单位体积内所包含的质量。若一物体的质量为 M，体积为 V，密度为 ρ，则按密度的定义有

$$\rho = \frac{M}{V} \tag{2.18.1}$$

当待测物体是一直径为 d，高度为 h 的圆柱体时，上式变为

$$\rho = \frac{4M}{\pi d^2 V} \tag{2.18.2}$$

于是，只要测出圆柱体的质量 M，外径 d 和高度 h，代入式（2.18.2）就可算出圆柱体的密度。

一般说来，待测圆柱体各个断面的大小和形状都不尽相同，从不同的方位测量它的直径，数值会稍有差异；圆柱体的高度各处也不完全一样。因此，要精确测定圆柱体的体积，必须在它的不同位置测量直径和高度数次，然后求出它们的算术平均值。例如，测量圆柱体的直径时，可选圆柱体的上、中、下 3 个部位进行测量，每个部位至少要测量 3 次。每测得一个数据后，应转动一下圆柱体再测下一个数据，最后利用测得的全部数据求直径的平均值。

2. 用流体静力称衡法测物体的密度

按照式（2.18.1)，对不规则物体，质量仍可用物理天平称量，但体积就难于直接测量了。通常是用流体静力称衡法间接解决体积的测量问题。

当忽略空气浮力的影响时，如果将被测物体分别在空气中和水中称衡，得到其称量为 M_1 和 M_2，则物体在水中受到的浮力为

$$F=(M_1-M_2)g \tag{2.18.3}$$

但按阿基米德定律，浸在液体中的物体所受到的向上的浮力等于它所排开液体的质量和重力加速度的乘积。故有

$$F=\rho_0 Vg \tag{2.18.4}$$

式中，ρ_0 是液体的密度，g 为重力加速度，V 是被排开液体的体积，亦即被测物体的体积。由式（2.18.3）和（2.18.4）可得

$$V=\frac{M_1-M_2}{\rho_0} \tag{2.18.5}$$

这样，物体的体积就被间接地测定出来了。代入式（2.18.1）得

$$\rho_1=\frac{M_1}{V}=\frac{M_1}{M_1-M_2}\rho_0 \tag{2.18.6}$$

于是只要称出 M_1 和 M_2，查出 ρ_0，就可算出 ρ_1。

四、实验内容

1. 测定黄铜圆柱体的密度

（1）正确使用物理天平，称出圆柱体的质量 M。称衡一次，误差按单次测量计算。使用前、应了解天平的结构、用法和注意事项。

（2）用螺旋测微计测圆柱体外径，在不同部位测量 9 次，求其平均值 $\overline{d}$ 及误差

（3）用游标卡尺测圆柱体的高度；在不同方位测量圆柱体高度 5 次，求其平均值 $\overline{h}$ 及误差。

2. 用流体静力称衡法测不规则铁块的密度

（1）按照物理天平的使用方法称出物体在空气中的质量 M_1。

（2）将盛水的烧杯置于天平的托板上，并使物体浸没于水中，如图 2.18.1 所示。注意勿使物体接触烧杯；物体表面不得附有气泡；启开天平后，物体不得露出水面。称出物体浸泡于水中的质量 M_2。

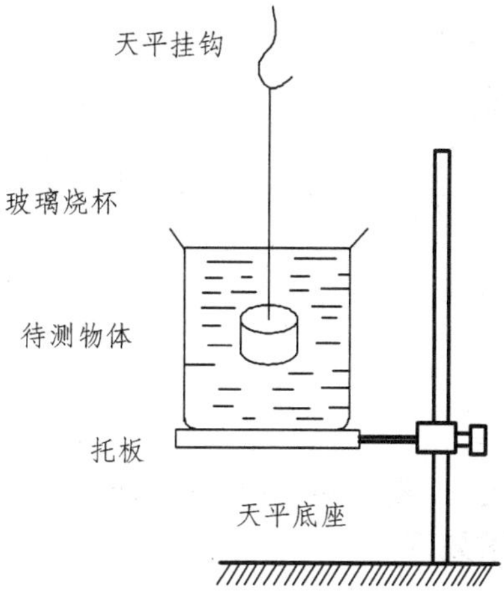

图 2.18.1　称衡液体中的物体

五、数据记录及处理

1. 测量黄铜圆柱体的数据处理

（1）所用物理天平的最小分度值：__________（g）

所用物理天平的最大称量：__________（g）

黄铜圆柱体的质量：M =__________（g）

质量的误差按单次测量处理。

（2）黄铜圆柱体直径 d 的测量数据及处理。按表 2.18.1 形式记录处理数据。

表 2.18.1　黄铜圆柱体直径

部　位	上　端			中　部			下　端			平均值	绝对误差
直径 d（cm）	d_1	d_2	d_3	d_4	d_5	d_6	d_7	d_8	d_9	$\overline{d}$	$\overline{\Delta d}$
测量值											

$d=\overline{d}\pm\overline{\Delta d}=$　　　　　　　(cm)

（3）黄铜圆柱体高度 h 的测量数据及处理。按表 2.18.2 形式记录处理数据。

表 2.18.2 黄铜圆柱体高度

测量次数	1	2	3	4	5	平均值	绝对误差
高度 h_i（cm）	h_1	h_1	h_1	h_1	h_1	$\overline{h}$	$\overline{\Delta h}$

$h=\overline{h}\pm\overline{\Delta h}=$ （cm）

（4）黄铜圆柱体密度的计算。

密度的平均值：$\overline{\rho}=\overline{M}/\overline{V}=\dfrac{4M}{\pi\overline{d}^2h}=$______（$g\cdot cm^{-3}$）

密度的相对误差：$\delta_\rho=\delta_M+\delta_V=\dfrac{\overline{\Delta M}}{\overline{M}}+\dfrac{\overline{\Delta V}}{\overline{V}}=$______%

密度的绝对误差：$\overline{\Delta\rho}=\overline{\rho}\times\delta_\rho=$______（$g\cdot cm^{-3}$）

密度的测量结果：$\rho=\overline{\rho}\pm\overline{\Delta_\rho}=$______（$g\cdot cm^{-3}$）

记录所用水的温度（或室温），查出相应的水的密度 ρ_0 的值。

2. 测量不规则铁块的数据处理

表 2.18.3 测量不规则铁块的质量

物理天平的最小分度值______（g）	水的温度（或室温）
水在 t°C 时的密度 $\rho_0(g\cdot cm^{-3})$	
物体在空气中的质量 M_1（g）	
物体在水中的质量 M_2（g）	

铁块密度计算：

不规则物体的密度：$\rho_{测}=\dfrac{M_1}{M_1-M_2}\rho_0=$______（$g\cdot cm^{-3}$）

密度的相对误差：$\delta_\rho=\delta_{M1}+\dfrac{\overline{\Delta(M_1-M_2)}}{M_1-M_2}+\delta_{\rho_0}=$______%

上式推导中忽略了 ρ_0 的误差，M_1、M_2 的误差按单次测量计算，即 $\varDelta_{仪}/\sqrt{3}$。

密度的绝对误差：$\overline{\delta_\rho}=\overline{\rho}\times\overline{\Delta\rho}=$______（$g\cdot cm^{-3}$）

密度的值：$\rho=\overline{\rho}\pm\overline{\Delta\rho}=$______（$g\cdot cm^{-3}$）

六、注意事项

（1）量具使用完毕，请放入盒内。千分尺放入时，二测量面之间要留有 1 ~ 2mm 的距离。

（2）天平的刀口是天平的核心部件。要加倍爱护。取放物体或砝码或暂时不用天平时，必须将天平止动。启动和止动天平时动作要轻。

（3）砝码必须用镊子夹取，不得将它放在桌上。

思考题

1. 什么是游标卡尺的精度值？如游标上有 50 格，主尺一格为 1 cm，其精度是多少？待测长度的值如何确定？

2. 螺旋测微计以毫米为单位可以估计到哪一位？初读数的正或负如何判别？待测长度的值如何确定？

3. 试通过误差分析说明：若圆柱体的高度和直径用普通米尺测量，测得的黄铜密度的结果表达式有何不同？

4. 假若待测固体的密度比水的密度小，现欲采用流体静力称衡法测此固体的密度，试扼要回答：应该怎么进行测量？

实验十九　液体表面张力系数的测定

一、实验目的

（1）学习硅压阻力敏传感器的原理。

（2）掌握液体表面张力的测量方法。

二、实验原理

一个金属环固定在传感器上，将该环浸没于液体中，并渐渐拉起圆环，当它从液面拉脱瞬间传感器受到的拉力差值 f 为

$$f=\pi(D_1+D_2)\alpha \qquad (2.19.1)$$

式中，D_1，D_2 分别为圆环的外径和内径，α 为液体表面张力系数，所以液体表面张力系数为

$$\alpha=f/[\pi(D_1+D_2)] \qquad (2.19.2)$$

由（2.19.1）式，得液体表面张力

$$f=(U_1-U_2)/\mathrm{B} \qquad (2.19.3)$$

B 为力敏传感器灵敏度，单位 V/N。

三、实验数据

1. 力敏传感器标定（见表 2.19.1）

表 2.19.1 力敏传感器标定

物体质量 m（g）							
输出电压 U（mv）							

经最小二乘法拟合的仪器的灵敏度 $B=$

2. 水和其他液体表面张力的测量（见表 2.19.2）

表 2.19.2 纯水表面张力系数测量（水的温度 24.30°C）

测量次数	U_1（mV）	U_2（mV）	ΔU（mV）	F（$\times10^{-3}$N）	α（$\times10^{-3}$N/m）
1					
2					
3					
4					
5					
6					

此温度下水的表面张力系数为

经查表，在 $t=24.30$℃水的表面张力系数为 72.14×10^{-3} N/m，百分误差为

3. 乙醇的表面张力系数测定（乙醇的温度 $t=25.20$°C）（见表 2.19.3）

表 2.19.3 乙醇的表面张力系数测定

测量次数	U_1（mV）	U_2（mV）	ΔU（mV）	F（$\times10^{-3}$N）	α（$\times10^{-3}$N/m）
1					
2					
3					
4					
5					
6					

此温度下乙醇的表面张力系数为

经查表，在 $t = 25.20°C$ 乙醇的表面张力系数为 21.95×10^{-3} N/m，百分误差为

思 考 题

该试验中哪些因素会影响实验的精度？

实验二十　金属线膨胀系数的测定

绝大多数物质具有热胀冷缩的特性，在一维情况下，固体受热后长度的增加称为线膨胀。在相同条件下，不同材料的固体，其线膨胀的程度各不相同，我们引入线膨胀系数来表征物质的膨胀特性。线膨胀系数是物质的基本物理参数之一，在道路、桥梁、建筑等工程设计，精密仪器仪表设计，材料的焊接、加工等各种领域，都必须对物质的膨胀特性予以充分的考虑。利用本实验提供的固体线膨胀系数测量仪和温控仪，能对固体的线膨胀系数予以准确测量。

在科研、生产及日常生活的许多领域，常常需要对温度进行调节、控制。温度调节的方法有多种，PID 调节是对温度控制精度要求高时常用的一种方法。物理实验中经常需要测量物理量随温度的变化关系，本实验提供的温控仪针对学生实验的特点，让学生自行设定调节参数，并能实时观察到对于特定的参数，温度及功率随时间的变化关系及控制精度。加深学生对 PID 调节过程的理解，让等待温度平衡的过程变得生动有趣。

一、实验目的

（1）测量金属的线膨胀系数。

（2）了解 PID 调节的原理及参数设置对 PID 调节过程的影响。

二、实验仪器

金属线膨胀实验仪，ZKY-PID 温控实验仪，千分表。

三、实验原理

1. 线膨胀系数

设在温度为 t_0 时固体的长度为 L_0，在温度为 t_1 时固体的长度为 L_1。实验指出，当温度变化范围不大时，固体的伸长量 $\Delta L = L_1 - L$。与温度变化量 $\Delta t = t_1 - t$ 。及固体的长度 L_0 呈正比，即

$$\Delta L = \alpha L_0 \Delta t \tag{2.20.1}$$

式中的比例系数 α 称为固体的线膨胀系数，由上式知

$$\alpha = \Delta L / L_0 \cdot 1 / \Delta t \tag{2.20.2}$$

可以将 α 理解为当温度升高 1℃时，固体增加的长度与原长度之比。多数金属的线膨胀系数在（0.8 ~ 2.5）$\times 10^{-5}$/°C 之间。

线膨胀系数是与温度有关的物理置。当 Δt 很小时，由（2.20.2）式测得的 α 称为固体在温度为 t_0 时的微分线膨胀系数。当 Δt 是一个不太大的变化区间时，我们近似认为 α 是不变的，由（2.20.2）式测得的 α 称为固体在 $t_0 - t_i$ 温度范围内的线膨胀系数。

由（2.20.2）式知，在 L_0 已知的情况下，固体线膨胀系数的测量实际归结为温度变化量 Δt 与相应的长度变化量 ΔL 的测量，由于 α 数值较小，在 Δt 不大的情况下，ΔL 也很小，因此准确地控制 t、测量 t 及 ΔL 是保证测量成功的关键。

2. PID 调节原理

PID 调节是自动控制系统中应用最为广泛的一种调节规律，自动控制系统的原理可用图 2.20.1 说明。

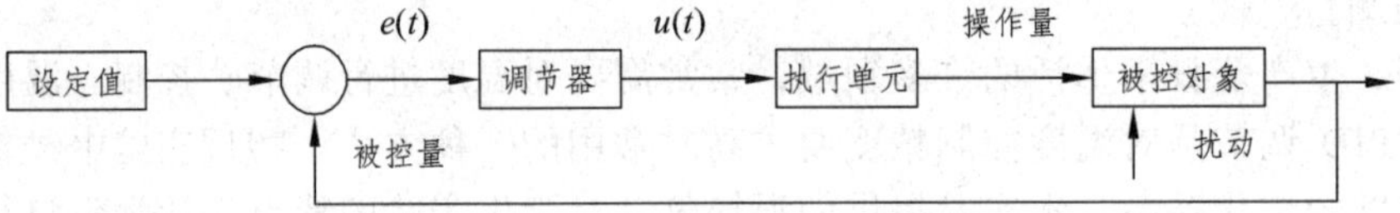

图 2.20.1　自动控制系统框图

假如被控量与设定值之间有偏差 $e(t)$ = 设定值 – 被控量，调节器依据 $e(t)$ 及一定的调节规律输出调节信号 $u(t)$，执行单元按 $u(t)$ 输出操作量至被控对象，使被控量逼近直至最后等于设定值。调节器是自动控制系统的指挥机构。

在此仪器的温控系统中，调节器采用 PID 调节，执行单元是由可控硅控制加热电流的加热器，操作量是加热功率，被控对象是水箱中的水，被控量是水的温度。

PID 调节器是按偏差的比例（proportional）、积分（integral）、微分（differential）进行调节，其调节规律可表示为

$$u(t) = K_P \left[e(t) + \frac{1}{T_I} \int_0^t e(t) dt + T_D \frac{de(t)}{dt} \right] \tag{2.20.3}$$

式中，第一项为比例调节，K_P 为比例系数。第二项为积分调节，T_I 为积分时间常数。第三项为微分调节，T_D 为微分时间常数。

PID 温度控制系统在调节过程中温度随时间的一般变化关系可用图 2.20.2 表示，控制效果可用稳定性、准确性和快速性评价。系统重新设定（或受到扰动）后经过一定的过渡过程能够达到新的平衡状态，则为稳定的调节过程；若被控量反复振荡，甚至振幅越来越大，则为不稳定调节过程，不稳定调节过程是有害而不能采用的。准确性可用被调量的动态偏差和静态偏差来衡量，二者越小，准确性越高。快速性可用过渡时间表示，过渡时间

越短越好。实际控制系统中，上述三方面指标常常是互相制约，互相矛盾的，应结合具体要求综合考虑。

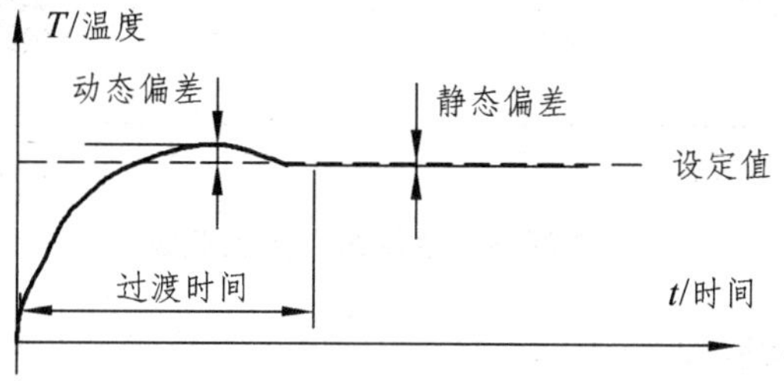

图 2.20.2　PID 调节系统过渡过程

由图 2.20.2 可见，系统在达到设定值后一般并不能立刻稳定在设定值，而是超过设定值后经一定的过渡过程才重新稳定，其原因可从系统惯性，传感器滞后和调节器特性等方面予以说明。系统在升温过程中，加热器温度总是高于被控对象温度，在达到设定值后，即使减小或切断加热功率，加热器存储的热量在一定时间内仍然会使系统升温，降温有类似的反向过程，这称之为系统的热惯性。传感器滞后是指由于传感器本身热传导特性或是由于传感器安装位置的原因，使传感器测量到的温度比系统实际的温度在时间上滞后，系统达到设定值后调节器无法立即作出反应，产生超调。对于实际的控制系统，必须依据系统特性合理设置 PID 参数，才能取得较好的控制效果。

由（2.20.3）式可见，比例调节项输出与偏差呈正比，它能迅速对偏差作出反应，并减小偏差，但它不能消除静态偏差。这是因为任何高于室温的稳态都需要一定的输入功率维持，而比例调节项只有偏差存在时才输出调节量。增加比例调节系数 K_P 可减小静态偏差，但在系统有热惯性和传感器滞后时，会使超调加大。

积分调节项输出与偏差对时间的积分呈正比，只要系统存在偏差，积分调节作用就不断积累，输出调节量以消除偏差。积分调节作用缓慢，在时间上总是滞后于偏差信号的变化。增加积分作用（减小 T_I）可加快消除静态偏差，但会使系统超调加大，增加动态偏差，积分作用太强甚至会使系统出现不稳定状态。

微分调节项输出与偏差对时间的变化率呈正比，它阻碍温度的变化，能减少超调量，克服振荡。在系统受到扰动时，它能迅速作出反应，减小调整时间，提高系统的稳定性。

PID 调节器的应用已有一百多年的历史，理论分析和实践都表明，应用这种调节规律对许多具体过程进行控制时，都能取得满意的结果。

四、实验仪器介绍

1. 金属线膨胀实验仪

仪器外形如图 2.20.3 所示。金属棒的一端用螺钉连接在固定端，滑动端装有轴承，金属棒可在此方向自由伸长。通过流过金属棒的水加热金属，金属的膨胀量用千分表测量。支架都用隔热材料制作，金属棒外面包有绝热材料，以阻止热量向基座传递，保证测量准确。

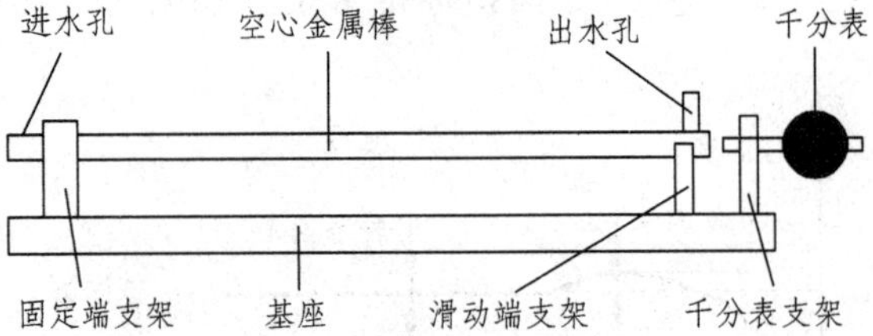

图 2.20.3　金属线膨胀实验仪

2. 开放式 PID 温控实验仪

温控实验仪包含水箱，水泵，加热器，控制及显示电路等部分。

本温控实验仪内置微处理器，带有液晶显示屏，具有操作菜单化，能根据实验对象选择 PID 参数以达到最佳控制，能显示温控过程的温度变化曲线和功率变化曲线及温度和功率的实时值，能存储温度及功率变化曲线，控制精度高等特点，仪器面板如图 2.20.4 所示。

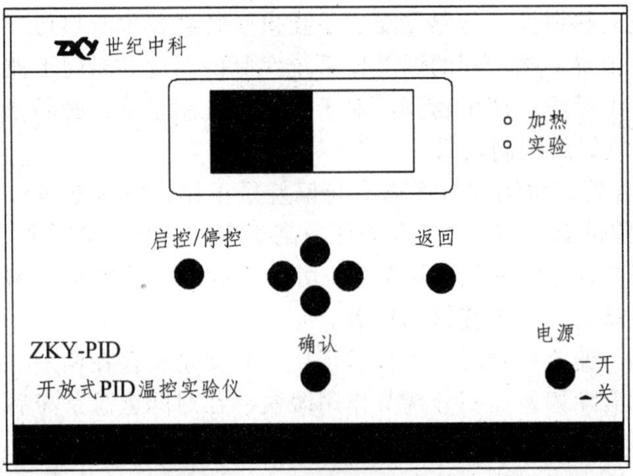

图 2.20.4　温控实验仪面板

开机后，水泵开始运转，显示屏显示操作菜单，可选择工作方式，输入序号及室温，设定温度及 PID 参数。使用◀▶键选择项目，▲▼键设置参数，按确认键进入下一屏，按返回键返回上一屏。

进入测量界面后，屏幕上方的数据栏从左至右依次显示序号，设定温度，初始温度，当前温度，当前功率，调节时间等参数。图形区以横坐标代表时间. 纵坐标代表温度（功率），并可用▲▼键改变温度坐标值。仪器每隔 15 s 采集一次温度及加热功率值，并将采得的数据标示在图上。温度达到设定值并保持两分钟温度波动小于 0.1 °C，仪器自动判定达到平衡，并在图形区右边显示过渡时间 t_s，动态偏差 0，静态偏差 e。一次实验完成退出时，仪器自动将屏幕按设定的序号存储（共可存储 10 幅），以供必要时分析，比较。

3. 千分表

千分表是用于精密测量位移量的量具，它利用齿条-齿轮传动机构将线位移转变为角位移，由表针的角度改变量读出线位移量。大表针转动 1 圈（小表针转动 1 格），代表线位移 0.2 mm，最小分度值为 0.001 mm。

五、实验内容及步骤

1. 检查仪器后面的水位管，将水箱水加到适当值

平常加水从仪器顶部的注水孔注入。若水箱排空后第一次加水，应该用软管从出水孔将水经水泵加入水箱，以便排出水泵内的空气，避免水泵空转（无循环水流出）或发出嗡鸣声。

2. 设定 PID 参数

若对 PID 调节原理及方法感兴趣，可在不同的升温区段有意改变 PID 参数组合，观察参数改变对调节过程的影响。

若只是把温控仪作为实验工具使用，则可按以下的经验方法设定 PID 参数

$$K_P = 3(\Delta T)^{1/2}，\ T_I = 30，\ T_D = 1/99$$

ΔT 为设定温度与室温之差。参数设置好后，用启控/停控键开始或停止温度调节。

3. 测量线膨胀系数

实验开始前检查金属棒是否固定良好，千分表安装位置是否合适。一旦开始升温及读数，避免再触动实验仪。

为保证实验安全，温控仪最高设置温度为 60°C。若决定测量 n 个温度点，则每次升温范围为 $\Delta T = (60-室温)/n$。为减小系统误差，将第一次温度达到平衡时的温度及千分表读数分别作为 T_0，l_0。温度的设定值每次提高 ΔT，温度在新的设定值达到平衡后，记录温度及千分表读数于表 2.20.1 中。

表 2.20.1　数据记录表

次数	0	1	2	3	4	5	6	7
千分表读数	$T_0 =$							
温度（°C）	$l_0 =$							
$\Delta T_1 = T_1 - T_0$								
$\Delta L_1 = l_1 - l_0$								

六、数据处理

根据 $\Delta L = \alpha L_0 \Delta t$，由表 2.20.1 数据用线性回归法或作图法求出 $\Delta L_i - \Delta T_i$，直线的斜率 K，已知固体样品长度 $L_0 = 500$ mm，则可求出固体线膨涨系数 $a = K/L_0$。

思 考 题

1. 分析本实验中各物理量的测量结果，哪一个对实验误差影响较大？
2. 根据实验室条件你还能设计一种测量 ΔL 的方案吗？

第三章　设计性实验

大学物理实验是理工科学生在大学最先接触和进行科学实验基本训练的一门基础必修课，对于提高学生的综合素质，培养学生的实践能力和提高学生的科研能力具有不可替代的作用。改革旧的实验内容、教学方法和教学手段，把不符合现代科学技术发展的实验项目进行更新或删除，减少验证性、传统性实验，增开综合性、设计性实验，建立新型的实验教学体系，是培养学生动手能力、创新意识、分析问题和解决问题能力的一项重要措施。

设计性物理实验是大学物理实验中一种创新型教学模式，对于增强学生的创新意识，提高学生的创新能力，具有重要的意义。

所谓设计性实验就是具有设计性内容的实验。主要设计内容包括：建立物理模型、确定实验方法、选择仪器设备、制订实验步骤。设计性物理实验在客观上促使学习者把强烈的自我发展意识转化为自身努力获取知识和提高能力的实际行为，学生必须积极发挥自己的主观能动性和聪明才智思考所遇到的问题，突破常规思维定势，创造性地提出解决方案，并反复再三，才可以完成实验。只有这样的实验，对学生的动手能力，研究能力，特别是创新能力的培养才有积极作用。

1. 设计性实验分类

（1）测量型实验：对某一物理量（如电容、折射率、静态磁特性的测量等）进行测定，达到设计要求。

（2）研究型实验：用实验确定两物理量或多物理量之间的关系（电源特性研究，超声波的应用），并对其物理原理、外界条件的影响或应用价值等进行研究。

（3）制作型实验：设计并组装装置，如万用表、全息光栅等。

2. 设计性实验的一般要求

（1）第一次为准备实验，要求先有方案和参考资料列表。了解所需实验仪器的性能和操作方法，进行试做，研究设计方案的可行性。

（2）第二次带“可行的设计方案”，初做实验。

（3）第三次精做实验，结束时当堂交正式实验报告。

设计性实验的一般程序：

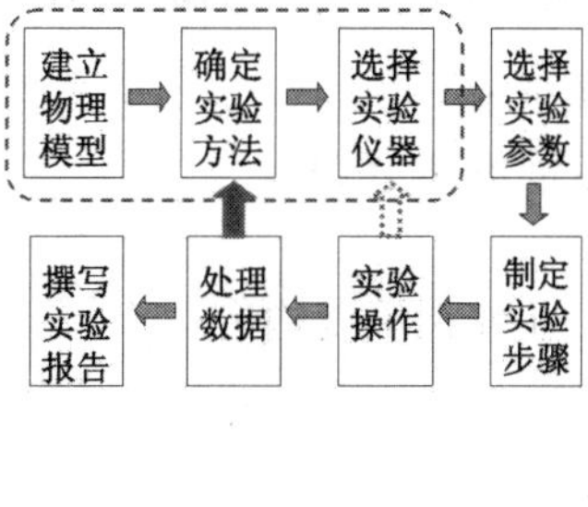

3. 实验仪器的确定

（1）根据量值和准确度要求选择仪器种类。
（2）对待测物理量的值进行估计，以选择仪表的量程。
（3）按不确定度均分原则选择仪表的准确度。

4. 提出具体方案，撰写准备报告

（1）整个过程中要查阅足够的参考资料。
（2）在实验室实地考查仪器情况并进行准备性实验。
（3）参考资料：
大学物理、物理实验教科书（不同版本）；
有关测量、传感器方面的教材和专著；
仪器、仪表、器件手册；
仪器说明书；
国家标准、行业标准、技术规范等。
（4）实验操作。
（5）实验报告（或小论文）。
（6）实验准备报告。
实验题目
一、实验任务
二、实验要求
三、实验方法
1. 物理模型的比较与选择
2. 实验方法的比较与选择
3. 仪器的选择与配套（系统误差分析）
1）误差公式的推导
2）仪器的选择
4. 测量条件与最佳参数的确定
1）测量条件
2）最佳参数
四、实验步骤（简略）
五、实验注意事项
六、参考文献

设计举例一　测量型实验

任务：测量金属材料的杨氏模量 E。
要求：测量结果的相对不确定度不超过 5%。
物理模型的建立及比较：
（1）外力作用下，发生形变，在弹性限度内有

$$\frac{F}{A} = E\left(\frac{\Delta L}{L}\right)$$

（2）圆棒状样品用两条细线悬吊起来，共振时

$$E = 1.606\,7\frac{l^3 m}{d^4} f_0^2$$

（3）声波在连续媒质内传播，其声速

$$c = \sqrt{\frac{E}{\rho}}$$

采用模型（1）。

采用金属丝的伸长测杨氏模量 E，

$$\frac{F}{A} = \sigma = E\left(\frac{\Delta L}{L}\right)$$

导出测量公式为

$$E = \frac{8mgLd_1}{\pi D^2 d_2 \Delta S}$$

$$\frac{u(E)}{\bar{E}} = \sqrt{[E(m)]^2 + [E(d_1)]^2 + [E(d_2)]^2 + [E(L)]^2 + [2E(D)]^2 + [E(\Delta S)]^2}$$

按均分原则，$E(D) \sim 1\%$，其余约为 2%

（1）钢丝直径：0.85 mm，千分尺测量，保证 $E(D) \sim 0.01/0.8 = 1.2\%$。

（2）弹性极限>200 MPa，$F \sim 100$ N。

（3）逐差法测量，中间分段，$F_m = 50$ N。用多个 1 kg 砝码累加加载。

（4）E 量级 $2 \times 1\,011$ Pa（$\text{N} \cdot \text{m}^{-2}$）可以计算出$\Delta L/L \sim 0.000\,5$。取 $L = 1$ m，则$\Delta L = 0.5$ mm

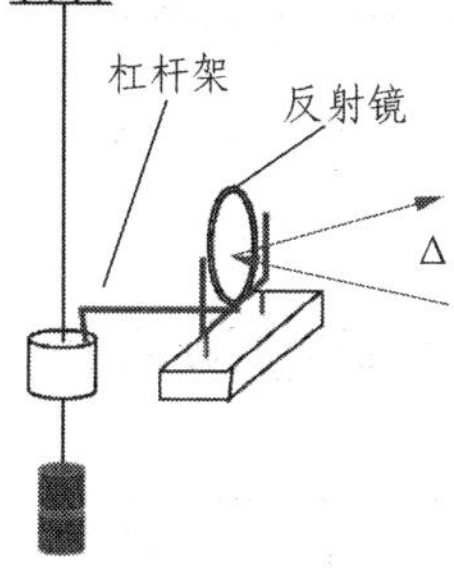

（5）光杠杆放大。

放大倍数 = $2d_1/d_2$，取 $d_1 = 2$ m，$d_2 = 80$ mm，放大 50 倍，$\Delta S = 25$ mm。用米尺读。$u(\Delta S) = 0.5$ mm，$E(\Delta S) = 2\%$。

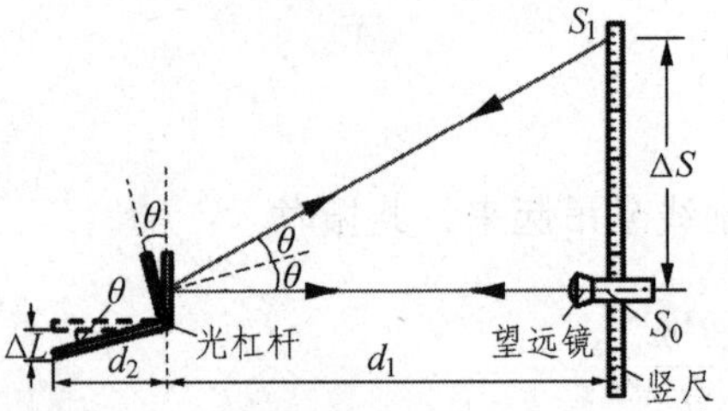

（6）d_1 用卷尺测，$E(d_1) = 0.005/2 = 0.25\% < 2\%$。

（7）L 用卷尺测，$E(L) = 0.005/1 = 0.5\% < 2\%$。

（8）d_2 用板尺测，$E(d_2) = 0.5/80 = 0.6\% < 2\%$。

（9）校核

$$\frac{u(E)}{E} = \sqrt{[E(m)]^2 + [E(d_1)]^2 + [E(d_2)]^2 + [E(L)]^2 + [2E(D)]^2 + [E(\Delta S)]^2}$$

$$= \sqrt{0.5^2 + 0.25^2 + 0.6^2 + 0.5^2 + (2\times 1.2)^2 + 2^2}\,\% = 3.3\%$$

设计举例二　研究型实验

任务：研究某二极管的伏安特性。

要求：电流准确度在 ± 0.5 mA，电压准确度在 ± 0.1 V。

特点：二极管电阻为非线性、正反向电阻不一样。

方案一： 伏安法测电阻

根据阻值大小，确定采用内接或外接法。图中用 K_2 电键转换。

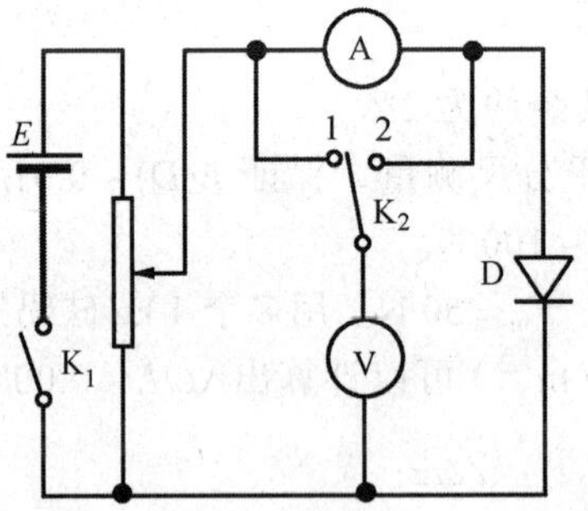

1. $I = I_D$，$V_D = V\dfrac{R_D}{R_A + R_D}$，当 $R_A \ll R_D$，$V_D \approx V$：

（1）反向或正向初段，$V_D \approx V$。

（2）用公式 $V_D = V - IR_A$ 计算，需要先测电流表内阻 R_A。

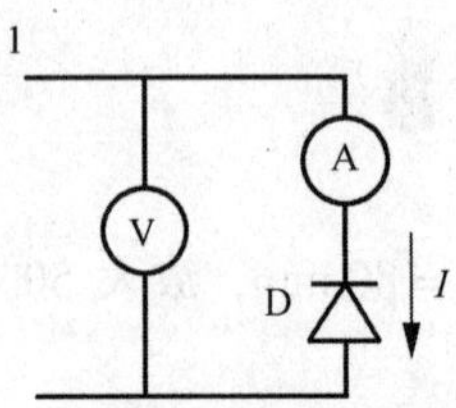

2. $V=V_D$，$I_D=I-\frac{V}{R_V}=I\frac{R_V}{R_V+R_D}$，当 $R_V \gg R_D$，$I_D \approx I$：

（1）正向导通或高阻电压表，近似用 $I_D \approx I$。

（2）用公式计算，需要先测电压表内阻 R_V。

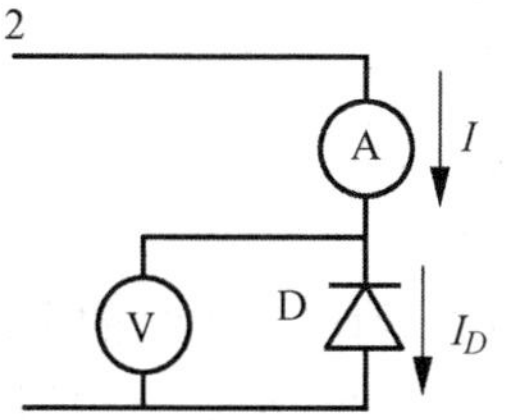

精度要求较高时用补偿法测电压。

调 R'使 G 中无电流，$I_D \approx I_A$。补偿法测电压，电压表上不分流，相当于内阻无穷大。

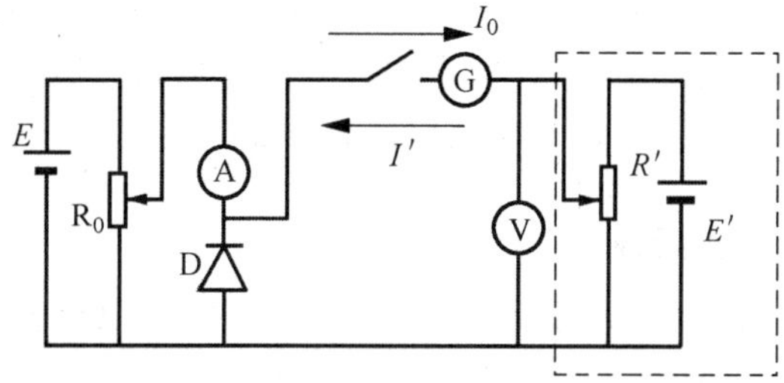

3. 粗测曲线

（1）电源输出大于 15 V，E 选稳压电源。

（2）R_0 通过分压来调电压。若选 R_0 为 100 Ω，负载电流 0.1 A，加二极管负载，最大电流 0.2 A，要求电源输出大于 0.5 A。

（3）I'很小，E'选大电阻，小电动势电源。

（4）电流表最大量程 0.1 A，准确到 0.5 mA，用 0.5 级表。

（5）正向电压表量程 10 V，准确到 0.1 V，用 1 级表。

（6）检流计选量程为 ± 250 μA 的 1 级电流表，误差在 5 μA 之内，完全符合要求。

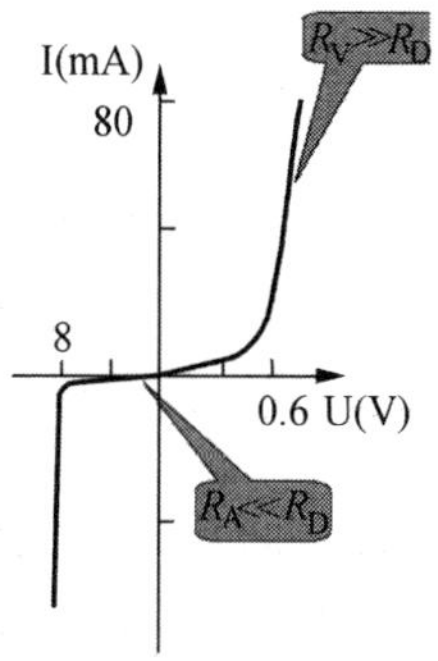

4. 滑线电阻变流和分压电路的设计

实验内容介绍：

（1）电流、电压调节率的概念。

（2）二级细调的思想。

（3）设计电流、电压调节电路。

预习要求：

（1）认真阅读实验要求：复习教材中电学测量仪器的使用常识。

（2）写出实验的预习报告。

5. 误差分配和实验仪器的选择

（1）原理和实验方法的选择。

（2）正确选择仪器和确定实验条件。

（3）测定标称值为 10 Ω 和 560 Ω、功率 1/2 W 的电阻器的电

预习要求：认真阅读实验讲义，复习电学仪器的使用知识，写出实验的预习报告。

6. 用补偿法“改装”电表的研究

（1）电学中的补偿原理。

（2）用补偿原理设计一个内阻“无限大”的电压表电路和“内限小”的电流表电路。

（3）用改装后的电表测定一个 56 Ω 的电阻，并用计算软件数据。

预习要求：认真阅读实验讲义，写出实验的预习报告。

7. 电位差计校准电表和测定电阻

（1）电位差计测电学量的原理。

（2）设计出校准量限为 3 V、最小分格为 0.02 V、内阻力 Ω 的电压表。

（3）设计出校准量限为 5 mA、压降 12 mV 的电流表。

（4）测定阻值为 100 Ω 的电阻。

预习要求：

认真阅读实验讲义：复习电位差计的使用。

写出实验的预习报告

设计实验一　光的双缝干涉

一、实验目的

测量双缝形成的干涉图像的光强分布,说明干涉条纹的极大值位置与理论预见的一致性。

二、实验要求

（1）对激光通过双缝形成的干涉图像进行研究，了解光的波动性。

（2）测量双缝形成的干涉图像的光强分布，说明干涉条纹的极大值位置与理论预见的一致性。

（3）在对物理量的测量过程中初步地掌握如何使用计算机控制实时测量系统。

三、实验仪器

Science Workshop Interface 750（传感器数据采集接口电路）、二极管激光器、双缝圆盘、基座和支撑杆附件托架（用于放置衍射屏）、衍射屏、光传感器、旋转运动传感器（RMS）、线性运动附件（用于 RMS）、计算机。

四、实验提示

1. 实验原理

通常，当如图 3.1.1 所示的双缝间距远小于双缝到用于观察干涉分布的接收屏的距离时，从缝的边缘发出的光线基本平行。这时候，当光线通过一双缝相互作用产生干涉条纹时，干涉条纹极大值对应的角度 θ 有下列关系

$$d\sin\theta = k\lambda \quad (k=1,2,3\cdots) \tag{3.1.1}$$

其中，d 是双缝间距，θ 是条纹中心极大到第 k 级极大值的张角，λ 为光波波长，k 为条纹的干涉级次（1 为第一极大，2 为第二极大……）。

由于张角通常很小，假定 $\sin\theta \approx \tan\theta$，又由三角关系得，$\tan\theta = y/D$，其中，$y$ 为零级明条纹中心到第 k 级明条纹中心的距离，D是狭缝到屏的距离，见图 3.1.1。由干涉方程可得到狭缝的宽度

$$d = \frac{k\lambda D}{y} \quad (k=1,2,3\cdots) \tag{3.1.2}$$

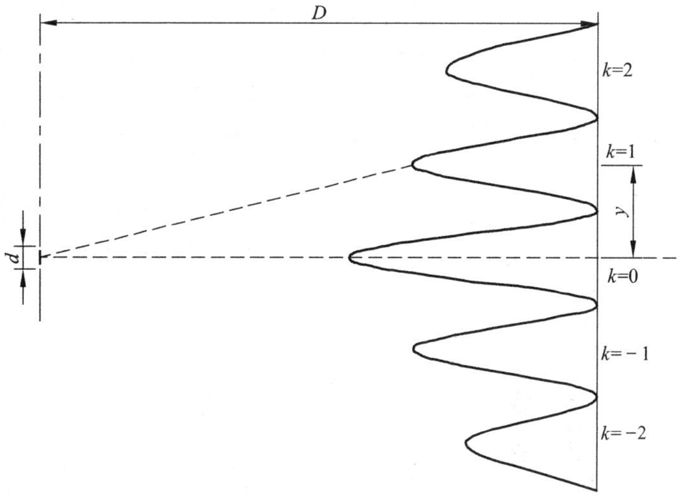

图 3.1.1

尽管干涉条纹是由两个狭缝射出的光束相互作用产生的，但也存在单缝衍射的影响，故产生如图 3.1.2 所示的包络。

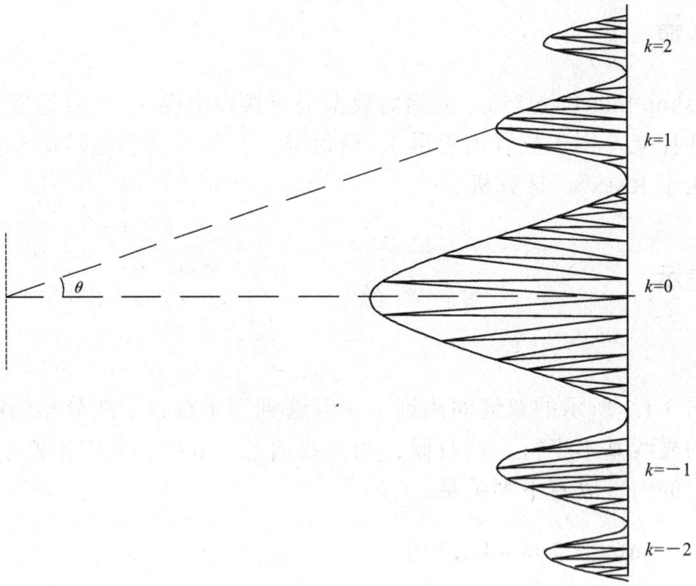

图 3.1.2　单缝衍射包络

在本实验中，利用光传感器测量由单色激光通过电镀的双缝以后产生的干涉花样的光强极大值的强度。而由线性运动附件的旋转运动传感器测量干涉花样光强极大值的相对位置。Science Workshop 程序记录和显示光强极大值的强度和相对位置，并绘出其强度随位置变化的曲线。

2. 实验仪器的设置

（1）激光器放在光学滑轨的一端，单缝圆盘放在激光器前约 3　cm，见图 3.1.3。

（2）白纸覆盖在屏上，并放置于一光学滑轨的另一端，面向激光器。

（3）检查 Science Workshop—Interface 750 接口是否连接到计算机上。

（4）检查光传感器的 DIN 插头是否连接到接口上的模拟通道 A，旋转运动传感器立体声插头连接到接口上的数字通道 1 和 2（黄色镶边的插头插入数字通道 1，另两个插头插入数字通道 2）。

（5）旋转圆盘，使宽度为 0.04 mm，间距为 0.25 mm 的双缝在多缝支架中央。打开激光器背后的电源开关，上下左右调整激光器位置使光斑中心落在狭缝上。

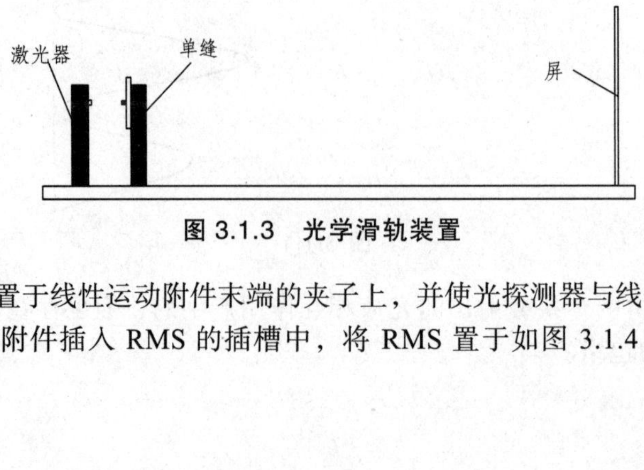

图 3.1.3　光学滑轨装置

（6）将光探测器置于线性运动附件末端的夹子上，并使光探测器与线性运动附件互相垂直。

（7）将线性运动附件插入 RMS 的插槽中，将 RMS 置于如图 3.1.4 所示的光具座另一端的支架上。

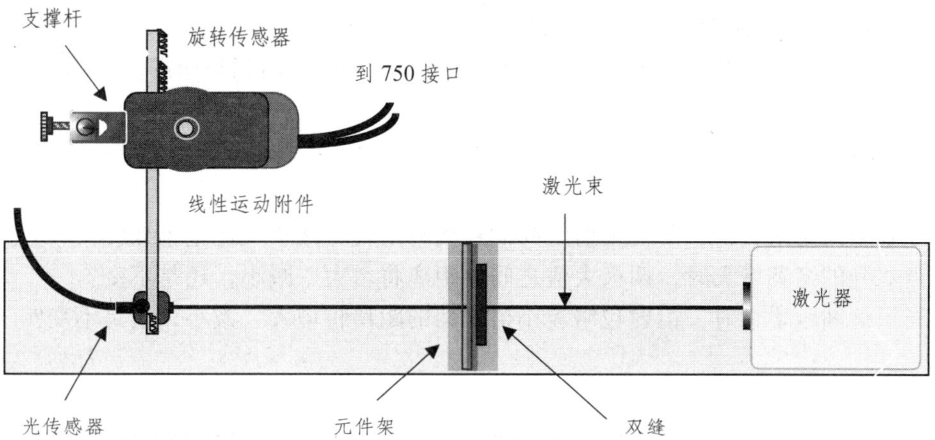

图 3.1.4

（8）调节传感器的方向使带有光探测器的线性运动附件保持水平，调节传感器使光探测器与干涉花样的高度相同。

（9）将光探测器连接到光传感器的 BNC 连接器上。无需校准光传感器，但是要将灵敏度调节旋钮顺时针转动到最大值。注意：在下面的实验中，请保持灵敏度调节旋钮的位置不变。

（10） 开启电脑，使其进入 Windows 98 的界面，选中“双缝干涉”，双击鼠标左键进入程序。

（11）首先确定双缝到屏的距离。注意双缝应在多缝支架的中心线上，记录屏和双缝的位置及它们之间的距离。

（12）打开激光器，移动线性运动附件，使衍射斑边缘的光强极大值几乎与光探测器的末端接触。用左键单击 REC 方框按钮，随之其下方出现蓝色小方块闪耀，表示记录开始，此时缓慢地、平稳地移动线性运动附件，使衍射斑的光强极大值依次通过光探测器末端。计算机开始自动记录，最后单击 STOP 方框按钮，停止记录。Run #1 将出现在实验设置窗口的数据列表中。

（13）激活曲线图。单击 Autoscale 按钮改变曲线图的坐标使其与数据对应。检查光强随位置变化的曲线图。

3. 数据与结果

（1）分别记录第一级极大和第二级极大到条纹中心的距离，数据填入表 3.1.1。

表 3.1.1　测量双缝宽度 0.04mm、间距 0.25mm 的数据及结果

双缝到屏之间的距离 D =__________，激光波长为 670 nm

	第一级($m=1$)	第二级($m=2$)
极大值间距		
中心到极大的距离		
狭缝宽度		
偏差%		

（2）按比例画（或打印）出衍射图像的草图。

（3）改变另一双缝宽度为 0.04 mm、间距为 0.50 mm，作出相对应的干涉图像。

五、问题讨论

1. 当双缝间距增大时，两极大值之间的距离将增大、减小，还是不变？
2. 当双缝的缝宽增大时，两极大值之间的距离将增大、减小，还是不变？
3. 当双缝间距增大时，衍射包络极小值之间的距离将增大、减小，还是不变？

设计实验二　弹簧振子在斜面上的振动

一、实验目的

测量在不同倾角斜面上的弹簧振子系统的振动周期，并将它与理论值比较。

二、实验要求

用 PASCO 动力学实验仪器测量在不同倾角斜面上的弹簧振子系统的振动周期。

三、实验仪器

带质量块的力学小车、力学小车轨道、支杆、弹簧、天平、停表。

四、实验提示

1. 实验原理

弹簧振子振动周期的理论值计算式为 $T=2\pi\sqrt{\dfrac{m}{k}}$，式中 T 是指振子做一次全振动所需的时间，m 是振子质量，k 是弹簧的倔强系数。

根据胡克定律，在弹簧的弹性限度内 $F=kx$。在本实验中弹簧的倔强系数 k 可通过测量作用力 F 与弹簧形变量 x 的对应关系，通过作图求直线斜率的方法而获得。

2. 实验步骤

1）计算理论上周期的测量

（1）用天平称出小车的质量，将它记录在表 3.2.1 端部。

（2）将小车放在轨道上，在小车一端的专用小孔上挂一弹簧，弹簧的另一端挂在轨道的端部挡架上（见图 3.2.1）。

表 3.2.1　用天平秤小车的质量

小车质量 =　　　　　　平衡位置 =　　　　　　倾角 =

附加质量	位　置	离平衡点的位移	力（$mg\cdot\sin\theta$）

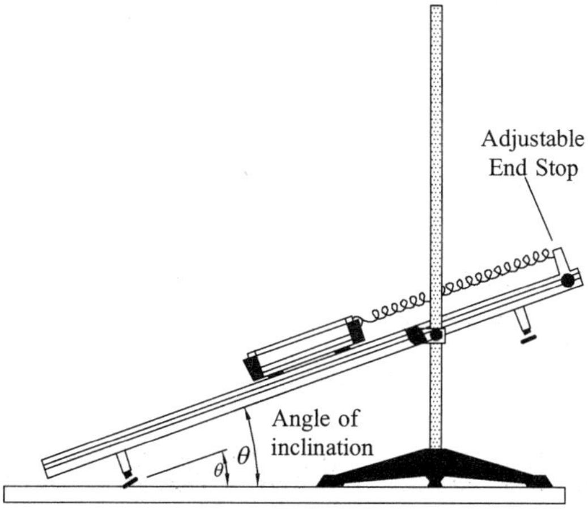

图 3.2.1

（3）升高挂有弹簧的轨道尾端，使轨道倾斜，由于弹簧被拉伸，注意轨道倾角不能太大，使弹簧的伸长不要大于轨道长度的一半，测量这个倾角并记入表 3.2.1 上方。

（4）记录平衡位置在表 3.2.1 中。

（5）在小车上加一质量块并记录新的位置。用 5 个不同的总质量重复上述实验。注意绝不能超过弹簧的弹性限度。

2）测量实验周期

（1）将小车从平衡位置移开一特定的距离让它运动。测量振动 3 次的时间并记在表 3.2.2 中。

（2）用相同的初位移（振幅），至少 5 次重复这一实验。

（3）改变斜面的倾角，重复步骤（1）和（2）。

表 3.2.2　振动 3 次的时间

角度	次数 1	2	3	4	5	平均	周期

3. 数据处理

1）理论的周期

（1）利用表 3.2.1 的数据，计算由小车上的附加质量所引起的力 $F = mg\sin\theta$，θ角为斜面的倾角。绘制力与位移的关系曲线。通过实验数据点画出最合适的直线，并求出斜率。该斜率等于等效的弹性系数 k，k =__________。

（2）利用小车的质量和弹性系数，计算由理论公式算出的周期，T =_________。

2）实测的周期

（1）利用表 3.2.2 的数据，计算振动 3 次的平均时间。

（2）将这些时间除 3，计算出周期，并记入表 3.2.2。

五、问题讨论

1. 改变倾角时，周期变化吗？
2. 实测值与理论计算值比较如何？
3. 倾角改变时，平衡位置变化吗？
4. 如果倾角是 90°，周期该是多少？

设计实验三　验证牛顿第二定律

一、实验目的

验证牛顿第二定律　$F = ma$。

二、实验要求

用 PASCO 动力学实验仪器验证牛顿第二定律　$F = ma$。

三、实验仪器

力学小车（ME-9430）、力学小车轨道、带支架轻滑轮、细线、砝码与挂架、计时表、天平。

四、实验提示

1. 实验原理

根据牛顿第二定律 $F = ma$，F 是作用在质量为 m 的物体上的合外力，a 是物体所得到的加速度。

对一个置于水平轨道上质量为 m_1 的小车，缚一根细线，使它绕过滑轮吊一重物 m_2（见图 3.3.1）。设摩擦力可以忽略，在砝码向下运动的过程中，根据牛顿第二定律，可分别对小车和砝码写出方程

$$m_1 \quad T = m_1 g \tag{3.3.1}$$

$$m_2 \quad m_2 g - T = m_2 a \tag{3.3.2}$$

这时作用在整个运动系统（小车和悬挂物）的合外力 F 即是悬挂物的重力 $F = m_2 g$。根据牛顿第二定律，合外力等于 ma。这里 m 是系统的总质量，即 m_1+m_2。本实验就是验证在忽略摩擦力时，$m_2 g$ 等于（m_1+m_2）a。

测量小车从静止开始，运动一定距离 d 所需要的时间 t，可以获得加速度。因为 $d = \frac{1}{2}at^2$ 所以加速度为

$$a = \frac{2d}{t^2} \quad（设\ a\ 为常数） \tag{3.3.3}$$

2. 实验步骤

（1）利用静止停放的小车，将轨道调整水平。

（2）用天平称出小车质量，并记入表 3.3.1 中。

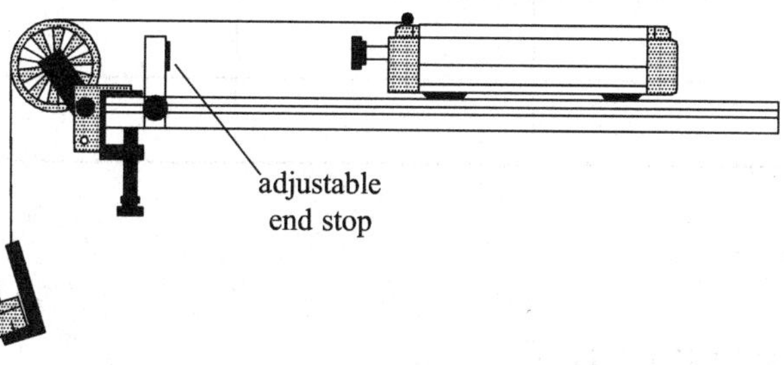

图 3.3.1

（3）在轨道端部安装滑轮支架，如图 3.3.1。置小车于轨道上，并穿一根细线在小车端部的小孔中缚住，线的另一端系一砝码架。细线的长度必须足够使重物落到地板之前，小车恰好碰到止停装置。

（4）拉回小车直到重物碰到滑轮，在表 3.3.1 上方记下小车位置，这将是所有实验的释放位置。先进行试操作以决定在砝码架上加多少砝码才能使小车约 2 s 完成运动。由于测量有反应时间，总时间太短将会产生较大的误差，然而如果小车运动太慢，摩擦也会引起较大误差。将砝码架的质量记在表 3.3.1 中。

（5）将小车靠放在轨道端部滑轮前的止停挡板上，把小车的最后位置记在表 3.3.1 内。

（6）至少测量 5 次时间，并记入表 3.3.1 中。

（7）增加小车的质量，并重复以上步骤。

表 3.3.1 时间

小车质量	悬挂物质量	次数 1	2	3	4	5	平均时间

开始释放时位置 = ＿＿＿＿＿＿，最后位置＿＿＿＿＿，总距离（d）= ＿＿＿＿＿＿。

3. 数据处理

（1）计算平均时间，记入表 3.3.1。

（2）用表 3.3.1 中小车的初始位置和末位置计算出运行的总距离。

（3）计算加速度并记入表 3.3.2。

（4）对每一种情况，计算总质量乘以加速度，并记入表 3.3.2。

（5）对每一种情况，计算作用于系统的合外力，并记入表 3.3.2。

（6）计算 $F_{净力}$和（$m_1 + m_2$）a 之间的百分差，并记入表 3.3.2。

表 3.3.2

小车质量	加速度	（$m_1 + m_2$）a	$F_{净力} = m_2 g$	%百分差

五、问题讨论

1. 实验结果是否证明了 $F = ma$？

2. 考虑到摩擦力，你认为悬挂物的重量和总质量乘以加速度哪一个较大？实验的结果是否始终一个比另一个大？

3. 为什么在 $F = ma$ 中的质量不正好等于小车的质量？

4. 当用质量乘以重力加速度计算小车受的力时，为什么不计入小车的质量？

设计实验四 动量定理

动量定理是动力学的普遍定理之一。内容为物体动量的增量等于它所受合外力的冲量，

即 $Ft=\Delta vm$，或所有外力的冲量的矢量和。如果一个系统不受外力或所受外力的矢量和为零，那么这个系统的总动量保持不变，这个结论叫做动量守恒定律。动量守恒定律是自然界中最重要最普遍的守恒定律之一，它既适用于宏观物体，也适用于微观粒子；既适用于低速运动物体，也适用于高速运动物体，它是一个实验规律，也可用牛顿第二定律和动能定理推导出来。

1. 基本介绍

如以 m 表示物体的质量，v_1、v_2 表示物体的初速度、末速度，I 表示物体所受的冲量，则得 $mv_2-mv_1=I$。式中速度和冲量为矢量，应按矢量运算；只在三量同向或反向时，可按代数量运算，同向为正，反向为负。

2. 适用条件

（1）系统不受外力或系统所受的外力的合力为零。

（2）系统所受外力的合力虽不为零，但比系统内力小得多。

（3）系统所受外力的合力虽不为零，但在某个方向上的分量为零，则在该方向上系统的总动量保持不变——分动量守恒。

注意：① 区分内力和外力碰撞时两个物体之间一定有相互作用力，由于这两个物体是属于同一个系统的，它们之间的力叫做内力；系统以外的物体施加的，叫做外力。② 在总动量一定的情况下，每个物体的动量可以发生很大变化，例如，静止的两辆小车用细线相连，中间有一个压缩的弹簧。烧断细线后，由于弹力的作用，两辆小车分别向左右运动，它们都获得了动量，但动量的矢量和为零。

3. 动量守恒的数学表达形式

（1）$p=p'$，即系统相互作用开始时的总动量等于相互作用结束时（或某一中间状态时）的总动量。

（2）$\Delta b=0$，即系统的总动量的变化为零。若所研究的系统由两个物体组成，则可表述为：$m_1v_1+m_2v_2=m_1v_1'+m_2v_2'$（等式两边均为矢量和）。

（3）$\Delta p_1=-\Delta p_2$，即若系统由两个物体组成，则两个物体的动量变化大小相等，方向相反，此处要注意动量变化的矢量性。在两物体相互作用的过程中，也可能两物体的动量都增大，也可能都减小，但其矢量和不变。

4. 推导过程

将 $F=ma$（动力学方程牛顿第二运动定律）——$a=F/m$，代入 $v=v_0+at$（运动学方程）得

$$v=v_0+Ft/m$$

化简得 $$mv - mv_0 = Ft$$

把 mv 做为描述运动状态的量，叫动量。

5. 含　义

（1）内容：物体所受合力的冲量等于物体的动量变化。

表达式：$Ft = mv' - mv = p' - p$，或 $Ft = \Delta p$。由此看出冲量是力在时间上的积累效应。

动量定理公式中的 F 是研究对象所受的包括重力在内的所有外力的合力。它可以是恒力，也可以是变力。当合外力为变力时，F 是合外力对作用时间的平均值。p 为物体初动量，p' 为物体末动量，t 为合外力的作用时间。

（2）$F\Delta t = m\Delta v$ 是矢量式。在应用动量定理时，应该遵循矢量运算的平行四边表法则，也可以采用正交分解法，把矢量运算转化为标量运算。假设用 F_x（或 F_y）表示合外力在 x（或 y）轴上的分量。（或）和 v_x（或 v_y）表示物体的初速度和末速度在 x（或 y）轴上的分量，则

$$F_x\Delta t = mv_x - mv_{x_0}$$
$$F_y\Delta t = mv_y - mv_{y_0}$$

上述两式表明，合外力的冲量在某一坐标轴上的分量等于物体动量的增量在同一坐标轴上的分量。在写动量定理的分量方程式时，对于已知量，凡是与坐标轴正方向同向者取正值，凡是与坐标轴正方向反向者取负值；对于未知量，一般先假设为正方向，若计算结果为正值，说明实际方向与坐标轴正方向一致；若计算结果为负值，说明实际方向与坐标轴正方向相反。

6. 特　殊

对于弹性一维碰撞，我们有

$$1/2mv^2 = 1/2mv_1^2 + 1/2mv_2^2$$
$$mv = mv_1 + mv_2$$

可以解出 v_1 和 v_2。

7. 动量定理

$Ft = mv_2 - mv_1$ 反映了力对时间的累积效应（冲量），其增量是力在时间上的积累。

8. 动能定理

$Fs = 1/2mv^2 - 1/2mv_0^2$ 反映了力对空间的累积效应（功），其增量是力的空间上的积累。

动量守恒定律

$$m_1v_1 + m_2v_2 = m_1v_1' + m_2v_2'$$

一、实验目的

探究力的冲量与物体动量变化的关系

二、实验器材

力学小车（ME-9430）、动力学轨道（ME-9435A 或 ME-9458）、铁架台、小钩码、力传感器、速度传感器、PASCO 计算机接口（750 型）、科学工作室 2.2 版或更高、计算机。

三、实验原理

小车所受的合外力的冲量等于动量的变化量。

四、设计性内容

（1）将动力学轨道倾斜一定的角度，与小车所受的摩擦力平衡。
（2）用天平测出小车的质量。
（3）将力及速度传感器与小车连接。
（4）在 Datestudio 软件 绘出 F-t 及 v-t 图像。

图 3.4.1　动量定理实验原理图

五、数据处理

自己绘制表格，找出小车所受的合力 F 及速度 v 填在表格中。

六、问题讨论

1. 用什么将轨道倾斜？
2. 实验结果是否证明了结论？

设计实验五　单摆测量重力加速度

一、实验简介

单摆实验是个经典实验，许多著名的物理学家都对单摆实验进行过细致的研究。本实验的目的是学习进行简单设计性实验的基本方法，根据已知条件和测量精度的要求，学会应用误差均分原则选用适当的仪器和测量方法，学习累积放大法的原理和应用，分析基本误差的来源及进行修正的方法。

二、实验原理

$$T = 2\pi\sqrt{\frac{l}{g}}$$

图 3.5.1　单摆仪

三、实验内容

（1）用误差均分原理设计一单摆装置，测量重力加速度，测量精度要求

$$\frac{\Delta g}{g} < 1\%$$

（2）对重力加速度 g 的测量结果进行误差分析和数据处理，检验实验结果是否达到设计要求。

（3）自拟实验步骤研究单摆周期与摆长、摆角、悬线和质量及弹性系、空气阻力等因素的关系，试分析各项误差的大小。

四、设计性内容

自拟实验步骤用单摆实验验证机械能守恒定律。

五、可提供的器材及参数

游标卡尺、米尺、千分尺、电子秒表、支架、细线（尼龙线）、钢球、摆幅测量标尺（见图 3.5.2，提供硬白纸板自制）、天平（公用）。

假设摆长 $l \approx 70.00$ cm；摆球直径 $D \approx 2.00$ cm；摆动周期 $T \approx 1.700$ s。

根据统计分析，实验人员开或停秒表反应时间为 1 s 左右，所以实验人员开，停秒表总的反应时间近似为$\Delta_{人} \approx 0.2$ s。

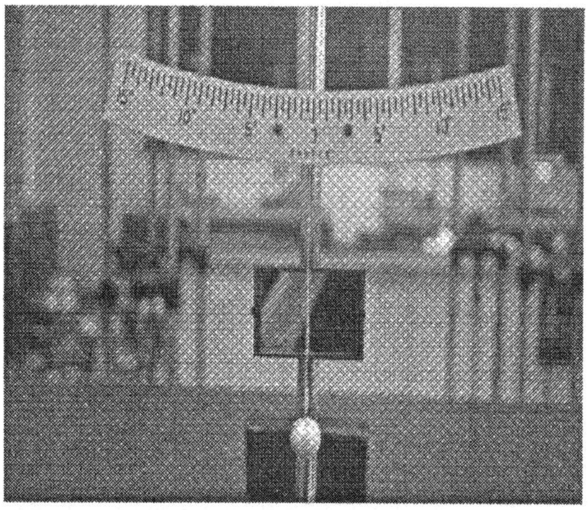

图 3.5.2　摆幅测量标尺

图 3.5.3　钢球

六、实验重点

根据测量精度的要求，用误差均分原则选用适当的仪器和测量方法。

七、问题讨论

1. 不同的地方测得的实验结果有什么变化？
2. 实验中平面镜的作用是什么？
3. 用什么方法减小误差的产生。

附　录

A. 基本物理常数表

量	符号	数　值	单　位	相对不确定度/10^{-6}
真空中的光速	c	2.997 924 58	10^{8}m/s	（精确）
真空磁导率	μ_0	$4\pi\times10^{-7}=1.256\ 637\times10^{-6}$	H/m	（精确）
真空电容率	ε_0	$1/\mu_0c^2=8.854\ 188\times10^{-12}$	F/m	（精确）
牛顿引力常数	G	6.672 59(85)	$10^{-11}\ N\cdot m^2/kg^2$	128
普朗克常量	h	6.626 075 5(40)	$10^{-34}\ J\cdot s$	0.60
基本电荷	e	1.602 177 33(49)	10^{-19}C	0.30
玻尔磁子，$e\hbar/2m_e$	μ_B	9.274 015 4(31)	10^{-24}J/T	0.34
核磁子，$e\hbar/2m_p$	μ_N	5.050 786 6(17)	10^{-27}J/T	0.34
玻尔半径	a_0	0.529 177 249(24)	10^{-10}m	0.045
电子质量	m_e	9.109 389 7(54)	10^{-31}kg	0.59
电子磁矩	μ_e	9.284 770 1(31)	10^{-24}J/T	0.34
质子质量	m_p	1.672 623 1 (10)	10^{-27}kg	0.59
中子质量	m_n	1.672 623 1(10)	10^{-27}kg	0.59
阿伏伽德罗常量	N_A, L	6.022 136 7(36)	10^{23}/mol	0.59
法拉第常量	F	9.648 530 9(29)	10^{4}C/mol	0.30
摩尔气体常数	R	8.314 510(70)	J/(mol·K)	8.4
玻耳兹曼常量，R/N_A	k	1.380 658(12)	10^{-23}J/K	8.5
斯忒藩-玻耳兹曼常数	σ	5.670 51(19)	$10^{-8}W/(m^2\cdot K^4)$	34

B. 国际单位制简介

1. 基本单位、辅助单位和某些导出单位

量 的 名 称	单位名称	单位符号	其他表示示例
一、基本单位			
长 度	米	m	
质 量	千克(公斤)	kg	
时 间	秒	s	
电 流	安【培】	A	
热力学温度	开【尔文】	K	
物质的量	摩【尔】	mol	
发光强度	坎【德拉】	cd	
二、辅助单位			
平面角	弧度	rad	
立体角	球面度	sr	
三、具有专门名称的导出单位			
频 率	赫【兹】	Hz	s^{-1}
力；重力	牛【顿】	N	$kg·m/s^2$
压强；胁强(应力)	帕【斯卡】	Pa	N/m^2
能量；功；热量	焦【耳】	J	N·m
功 率	瓦【特】	W	J/s
电荷量	库【仑】	C	A·s
电势；电压；电动势	伏【特】	V	W/A
电 容	法【拉】	F	C/V
电 阻	欧【姆】	Ω	V/A
电 导	西【门子】	S	Ω^{-1}，A/V
磁场感应通量	韦【伯】	Wb	V·s
磁通密度；磁感应强度	特【斯拉】	T	Wb/m^2
电 感	亨【利】	H	Wb/A
摄氏温度	摄氏度	°C	K
光通量	流【明】	lm	cd·sr
【光】照度	勒【克斯】	lx	lm/m^2

注：( )内的字为前者的同义语，【 】内的字，是在不致混淆的情况下，可以省略的字。

2. 用于构成十进制倍数和分数单位的词头

所表示的因数	词义名称	词头符号	所表示的因数	词义名称	词头符号
10^1	十	da	10^{-1}	分	d
10^2	百	h	10^{-2}	厘	c
10^3	千	k	10^{-3}	毫	m
10^6	兆	M	10^{-6}	微	μ
10^9	吉【咖】	G	10^{-9}	纳【诺】	n
10^{12}	太【拉】	T	10^{-12}	皮【可】	p
10^{15}	拍【它】	P	10^{-15}	飞【母托】	f
10^{18}	艾【可萨】	E	10^{-18}	阿【托】	a

C. 常用物理参数

1. 20°C 时一些物质的密度

物　质	密度ρ/（kg/m^3）	物　质	密度ρ/（kg/m^3）
铝	2 698.9	铂	21 450
锌	7 140	汽车用汽油	710 ~ 720
锡(白)	7 298	乙　醇	789.4
铁	7 874	变压器油	840 ~ 890
钢	7 600 ~ 7 900	冰(0°C)	900
铜	8 960	纯水(4°C)	1 000
银	10 500	甘　油	1 260
铅	11 350	硫酸	1 840
钨	19 300	水银(0°C)	13 595.5
金	19 320	空气(0°C)	1.293

2. 不同纬度海平面上的重力加速度*

纬度ϕ/（°）	g/（m/s^2）	纬度ϕ/（°）	g/（m/s^2）
0	9.780 49	50	9.810 89
5	9.780 88	55	9.815 15
10	9.782 04	60	9.819 24
15	9.783 94	65	9.822 94
20	9.786 52	70	9.926 14
25	9.789 69	75	9.828 73
30	9.793 38	80	9.830 65
35	9.797 46	85	9.831 82
40	9.801 80	90	9.832 21
45	9.806 29		

*地球任意地方重力加速度的计算公式为：$g = 9.78049(1 + 0.005288\sin^2\phi - 0.000006\sin^3\phi)$。

3. 水的沸点(T / °C)随压力(p / bar)的变化

T 序号 p	0	1	2	3	4	5	6	7	8	9
0.973	98.88	98.92	98.95	98.99	99.03	99.03	99.11	99.14	99.18	99.22
0.987	99.26	99.29	99.33	99.37	99.41	99.41	99.48	99.52	99.56	99.59
1.00	99.63	99.67	99.70	99.74	99.78	99.82	99.85	99.89	99.93	99.96
1.01	100.00	100.04	100.07	100.11	100.15	100.18	100.22	100.26	100.29	100.33
1.03	100.36	100.40	100.44	100.47	100.51	100.55	100.58	100.62	100.65	100.69

4. 20°C 时某些金属的杨氏弹性模量(N/mm^2)*

金　属	$E/10^4$	金　属	$E/10^4$
铝	6.8 ~ 7.0	铁	19 ~ 21
金	8.1	镍	21.4
银	6.9 ~ 8.4	碳钢	20 ~ 21
锌	8.0	合金钢	21 ~ 22
铜	10.3 ~ 12.7	铬	23.5 ~ 24.5
康铜	16.0	钨	41.5

* E 的值与材料的结构、化学成分及其加工制造方法有关，因此，在某些情形下，E 的值可能与表中所列的平均值不同。

5. 某些物质中的声速(m/s)

物　质	声　速	物　质	声　速
空气（0°C）*	331.45	水（20°C）	1 482.9
一氧化碳（0°C）	337.1	酒精（20°C）	1 168
二氧化碳（0°C）	258.0	铝料**	5 000
氧气（0°C）	317.2	铜	3 750
氩气（0°C）	319	不锈钢	5 000
氢气（0°C）	1 269.5	金	2 030
氮气（0°C）	337	银	2 680

*干燥空气中的声速与温度的关系：$331.45+0.54t$

**固体中的声速为棒内纵波速度。

6. 某些液体的黏滞系数

液 体	温度/°C	η/μPa·s	液 体	温度/°C	η/μPa·s
水	0	1 787.9	甘 油	−20	134×10^{6}
	20	1 004.2		0	121×10^{5}
	100	282.5		20	$1\,499\times10^{3}$
甲 醇	0	817	葵花子油	100	12 945
	20	584		20	5 000
乙 醇	−20	2 780	蜂 蜜	20	650×10^{4}
	0	1 780		80	100×10^{3}
	20	1 190	鱼肝油	20	45 600
乙 醚	0	296		80	4 600
	20	243	水 银	−20	1 855
汽 油	0	1 788		0	1 685
	18	530		20	1 554
变压器油	20	19 800		100	1 224
蓖麻油	10	242×10^{4}			

7. 某些物质的比热容

物 质	温度/°C	比 热 容	
		kJ/（kg·K）	kcal/（kg·°C）
铁	20	0.46	0.11
钢	20	0.50	0.12
铝	20	0.88	0.21
铅	20	0.130	0.031
银	20	0.234	0.056
铜	20	0.389	0.093
甲醇	0	2.43	0.58
	20	2.47	0.59

续表

物　质	温度/°C	比　热　容	
		kJ/（kg·K）	kcal/（kg·°C）
乙醇	0	2.30	0.55
	20	2.47	0.59
乙醚	20	2.34	0.56
冰	0	2.596	0.621
水	0	4.219	1.009 3
	20	4.175	0.998 8
氟利昂-12	100	4.204	1.005 7
氟氯烷-12	20	0.84	0.20
变压器油	0 ~ 100	1.88	0.45
汽　油	10	1.42	0.34
	50	2.09	0.50
水　银	0	0.139 5	0.033 37
	20	0.139 0	0.033 26
空气（定压）	20	1.00	0.24
氢（定压）	20	14.25	3.41

参考文献

[1] 唐焕芳. 大学物理实验[M]. 成都：西南交通大学出版社，2009.

[2] 庄建，青莉，黄玉霖. 大学物理实验教程[M]. 成都：西南交通大学出版社，2010.

[3] 赵家凤. 大学物理实验[M]. 北京：科学出版社，2000.

[4] 张捷民，刘汉臣. 大学物理实验[M]. 北京：科学出版社，2007.

[5] 赵维义. 大学物理实验教程[M]. 北京：清华大学出版社，2007.

[6] 李文斌. 大学物理实验[M]. 北京：北京邮电大学出版社，2007.

[7] 李学慧. 大学物理实验[M]. 北京：高等教育出版社，2006.